KB044637

# 경이로운
# 뇌

뇌의 신비로움을 알면
인생이 즐거워진다

# 경이로운 뇌

최성범

## 일상과 건강을 연결하는 뇌과학의 비밀을 풀다

"특정 상황에서 어떤 행동을 선택했느냐에 따라 우리 삶의 모습은 확연히 달라질 것이다.
그러면 왜 우리는 이렇게 다른 선택을 하는 걸까?"

나의 어머니와 아버지, 형님들,
언제나 힘이 되어준 나의 사랑하는 아내와 아이들에게
이 책을 바칩니다.

# 경이로운 뇌

> 인간은 지적 존재이므로 지성을 사용할 때 기쁨을 느낀다. 이런 의미에서 두뇌는 근육과 같다. 두뇌를 사용할 때 우리는 기분이 매우 좋다. 이해한다는 것은 즐거운 일이다.
> — 칼 세이건

얼마 전 택시를 탔다. 일요일 아침이라 시내 한복판을 시원하게 달리고 있었다. 성산대교에 다다를 즈음에 후방에서 달리던 한 승용차가 갑자기 끼어들려고 했다. 거리가 너무 가까워서 결국 끼어들지 못하자, 운전자는 화가 났는지 신경질적으로 경적을 울렸다. 그러나 제삼자인 내가 봤을 때는 택시의 잘못이 아니라 분명히 그 끼어들려는 차의 잘못이었다. 경적을 울려야 할 쪽은 택시였다. 나는 택시 기사에게 약간 흥분하며 말했다.

"경적을 울려야 할 쪽은 이쪽인데 저 운전자는 어이가 없네요."
택시 기사가 별일 아니라는 듯한 단조로운 어조로 대꾸했다.

"바쁜가 보지요."

택시 기사의 대답을 들은 나는 마치 망치로 뒤통수를 얻어맞은 것 같았다. 왜 같은 상황을 겪은 두 사람의 반응이 이렇게 다를까? 왜 택시 기사는 그렇게 차분히 반응했고, 왜 나는 흥분하며 반응했을까? 특정 상황에서 어떤 행동을 선택했느냐에 따라 우리 삶의 모습은 확연히 달라질 것이다. 그러면 왜 우리는 이렇게 다른 선택을 하는 걸까?

우리는 모두 하루를 보내면서 무수히 많은 상황을 겪는다. 그때마다 의식적 혹은 자동으로 상황을 판단하고 거기에 맞춰 반응을 보인다. 이때 이 모든 것을 조종하는 자가 있으니, 그것은 바로 '뇌'이다. 두개골 안에 숨어서 베일에 싸인 채 모습을 드러내지 않는 그가 우리의 모든 생각과 행동을 결정하는 셈이다.

뇌의 반응 방식은 유전자의 영향을 많이 받는다. 그러나 많은 연구와 논문에서 환경과 경험이라는 후천적 요인 또한 뇌에 지대한 영향을 끼친다고 말하고 있다. 우리 뇌는 주변 환경에 적응하면서 자기만의 반응 방식을 '창조'하기 때문이다. 만약 이러한 것이 유아기에 형성된다면 평생에 걸쳐 더욱 확실한 영향을 주게 된다.

뇌는 매우 신기하다. 이는 138억 년에 걸쳐, 천억 개의 별을 거느리고 있는 은하가 수천억 개 존재하는, 모든 원소의 원천이자 상대성이론을 동원해야 설명이 되지만, 또한 미지의 영역이 더 많은 우주에 못지않은 신비롭고 마법 같은 존재다. 언뜻 뇌를 생각하면, 쉽게 다가서기 어렵고 주저하게 된다. 하지만 이 신비로운 존재를 좀 더 알게 된다면, 그 효력은 상당하다. 삶이 더 건강하고 즐거워질 수 있다. 인생을 바꿀 수 있다고 해도 과언이 아니다. 그것은 마치 보물을 찾기 위해 비밀의 문을 열어젖히는 것과 같다.

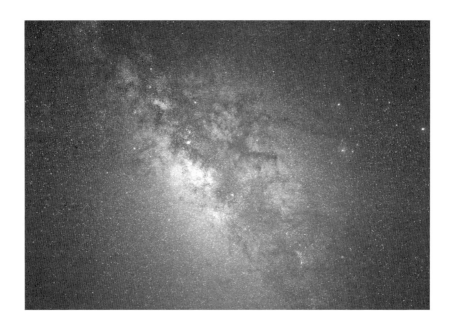

유아기 때의 경험이 평생의 건강과 사고방식에 지대한 영향을 미친다는 사실은 자녀 육아에 대해 다시 한 번 생각하게 해 준다. 양육 방식에 따라 아이의 인생은 바뀌게 되고, 그러면 부모의 인생도 덩달아 달라질 것이다.

내가 그토록 고치고 싶거나 버리고 싶은 행동이나 사고방식이 왜 그

경이로운 뇌

토록 바꾸기가 어려운지 이해하게 된다. 이것을 타인에게도 적용할 수도 있다. 도저히 이해가 되지 않는 행동이나 생각을 하는 타인(가족을 포함해서)을 조금은 더 공감하게 된다. 그러면 그들에게 좀 더 관대해지고, 더불어 내 마음도 편안해진다.

우리가 의식적으로 결정하고 행동한다고 믿고 있는 많은 것들이 실제로 무의식에 의해 주도된다는 많은 연구 결과들은 인간 행동을 좀 더 폭넓게 이해할 수 있도록 도와준다. 한 걸음 더 나아가 인간의 행동에 대한 책임과 이에 따르는 규제에 대해 다시 한 번 생각하는 계기가 된다. 또한, 뇌의 특성을 이해하면, 직장이나 사회, 학교에서 타인과 관계를 맺을 때도 많은 도움이 되며, 근무나 학업 수행 시에도 더 효율적으로 일 처리를 할 수 있다.

뇌에 대해 알아야 하는 다른 많은 이유가 있지만, '건강'이라는 단 한 가지만으로도 충분하다. 뇌 건강은 신체 건강에 필수이다. 이는 정신적 건강뿐 아니라, 육체적 건강을 모두 포함한다. 감정적 문제의 저변에 생물학적 원인이 있다는 사실은 나를 괴롭히는 정신적 문제를 해결할 수 있는 실마리를 제시해준다. 그러면 필요 이상의 절망감이나 나쁜 생각에 빠지지 않게 된다. 단순 신체 통증이나 만성 통증인 경우에서도 뇌 기능 이상이 원인인 경우를 나는 수없이 보아왔다.

뇌는 아주 사소한 것들을 포함하여 우리의 모든 것을 결정한다. 택시 기사처럼 예기치 못한 상황에 대한 반응과 감정 표출 방식뿐만 아니라, 사고방식, 장단점, 충동에 대한 억제, 상황에 관한 판단, 어떤 일을 하기 위한 계획과 실행, 특별한 이유 없이 하는 단순한 습관이나 행동, 언어 구사 방식 등 모든 것을 결정한다. 성격, 개인적 성향, 세계관, 가치관, 종교관이나 학업과 관련 있는 집중력, 기억력, 학습력 등은 두말할 나위도 없다.

우리는 온종일 매 순간 중요한 또는 중요하지 않은, 의식적이거나 무의식적인 무수한 판단과 말과 행동을 한다. 이러한 무수한 판단과 말과 행동은 뇌의 상태에 따라 저마다 다르게 나타난다. 결국, 우리의 뇌가 올바르게 기능한다면 우리도 올바르게 생각하고 행동하게 되고, 뇌가 올바르게 기능하지 못한다면 우리도 그렇게 될 것이다. 건강한 뇌야말로 행복하고 건강한 삶을 위한 최고의 축복이라 할 수 있다.

## 목차

## chapter 1. 어릴 때의 경험이 왜 중요할까?

## chapter 2. 무의식이 당신을 조종한다

## chapter 9. 뇌, 효율적으로 이용하기

## chapter 10. 뇌를 더욱 건강하게 유지하는 방법

# 괴물이 되다

> 진짜 문제는 사람들의 마음이다. 그것은 절대로 물리학이나 윤리학
> 의 문제가 아니다.
> — 아인슈타인

뇌 기능을 연구하는 가장 고전적인 방법은 사고나 질병으로 뇌의 특
정 부위가 손상된 사람을 조사하는 방법이다. 그럼 뇌가 다치거나 손
상이 생기면 어떻게 될까?

뇌 관련 질환에서 가장 흔한 것은 뇌혈관 질환이다. 주변에서 가끔
볼 수 있다. 뇌출혈이 오면 뇌의 어떤 부위에서 발생했느냐에 따라 증
상이 다양하게 나타난다. 어떤 경우는 다리 근육이 경직되어 보행이
어려워지거나 말이 어눌해지기도 한다. 하지만 뇌 병변으로 인한 증상
은 육체적으로만 나타나지 않는다. 외상이나 질환으로 인한 뇌 기능
이상은 사람의 성격이나 성향도 극적으로 바꿀 수 있다.

내가 지방의 한 사립대에서 강의하던 시절, 그 학교에는 학생들에게 인기 있고, 주위 교수들에게도 평판이 좋은 한 노교수가 있었다. 그의 사무실 문 앞에는 학생, 제자들과 함께 찍은 행복한 추억이 담긴 사진들이 즐비하게 붙어 있었다. 그 교수를 잘 알지는 못했지만, 그분의 항상 웃는 얼굴과 언제나 학생들과 화기애애하게 이야기를 나누는 모습은 나로 하여금 멀리서나마 그분을 존경하게도 하고 또 한편으로는 부러워하게도 했다.

그러던 어느 날 그 교수가 교통사고를 당하면서 모든 것이 엉클어지기 시작했다. 교수는 조그마한 경승용차를 몰고 다녔는데, 교수가 운전하던 차가 논두렁으로 떨어졌다. 그 교수는 크게 다쳐서 병원에 여러 날을 입원했지만, 다행히 회복하여 다시 학교로 돌아왔다. 하지만 그 뒤로 이상한 일들이 벌어지기 시작했다.

한 번은 여러 교수가 모인 자리에서 다른 교수를 모욕한 적이 있었다. 그러한 모욕이 객관적 사실이나 근거에 의한 것이 아닌, 전적으로 그 교수의 개인적 심경에서 비롯된 것이기에 모욕을 당한 당사자가 크게 화가 난 것은 당연한 일이었다.

이뿐만이 아니었다. 당시 학교에는 같이 근무하는 젊은 교수가 한 명 있었다. 그 젊은 교수는 전부터 이 노교수를 잘 따랐기에 둘의 관계는 매우 친밀했다. 그런데 어느 날 갑자기 그 노교수가 젊은 교수에 대한 갖은 험담이 담긴 내용의 메일을 다른 동료 교수들에게 공개적으로 보내버렸다.

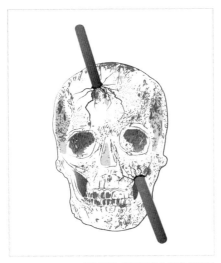

피니어스 게이지의 손상된 두개골

주위 사람들은 노교수가 벌인 일에 충격을 받기도 하고 당황해하기도 했다. 하지만 그가 왜 그렇게 괴팍한 인물이 되었는지는 크게 궁금해하지 않았다. 예전의 그의 모습은 사려 깊고 남들을 배려하며 유머가 넘치는 사람이었다. 하지만 어느 순간에 그는 괴물로 변해 있었다. 그 두 모습 사이에는 논두렁에 빠진 자동차 사고가 있었다. 그의 뇌는 자동차 사고로 손상되었고 이전의 교수가 아닌 새로운 인물이 되었던 것이다.

이보다 더 극적인 사례가 외국에서 있었다. 너무나 유명한 실례이기 때문에 뇌 과학을 공부하는 사람은 한 번 이상씩은 접해보았을 것이다. 바로 피니어스 게이지의 사례이다. 이는 국내 한 방송의 유명 프로그램에서 소개되기도 하였다.

한 철도 회사의 감독관인 그는 근면하고 성실한 사람이었다. 1848년의 9월의 어느 날, 예전처럼 철로 작업을 하기 위해 폭발물을 설치하고 있었다. 그러던 중에 예기치 못한 폭발 사고가 일어나서 무게 6kg, 길이 1m의 철 막대기가 그의 왼쪽 뺨에서 왼쪽 머리 윗부분을 관통했다. 모두 그의 죽음을 예상했지만, 다행히 회복하였다.

그런데 특이하게도 그의 인지능력은 회복되었지만, 충동조절 능력은 상당히 손상되었다. 게이지는 매우 변덕스러운 사람이 되었고, 불안정했으며 괴팍하고 무례해서 같이 지내기 힘든 사람이 되었다. 사고 전후로 완전히 다른 사람이 된 것이다. 결국, 직장에서 해고당하고 말았다. 이후 그는 서커스의 기형적인 사람들이 등장하는 쇼에서 일하게 되었고 사고가 난 지 20년 후에 샌프란시스코에서 무일푼으로 사망했다.

이후 그의 뇌는 하버드 의대에 전시되었다. 한 인간으로서는 불행했을 이 사건이 뇌 과학사에서 매우 중요한 이유는 뇌의 특정 부위 손상이 성격과 행동에 큰 영향을 줄 수 있다는 실마리를 제공했기 때문이다.

많은 사람의 목숨을 앗아간 더 비극적인 사고도 있었다. 1966년 8월의 어느 날 한 청년은 대학교 전망대에 올라가 아래에 보이는 사람들을 무차별로 사격했다. 14명이 사망했고 31명이 부상을 당했다. 그 청년은 결국 경찰에 의해 사살되었다. 범인의 집을 수색한 경찰은 그가 전날 밤에 자신의 아내와 어머니를 죽인 것을 발견했다. 놀라운 사실은 찰스 휘트먼이라는 이 청년은 전혀 그럴만한 인물이 아니었다는 점이다. 그는 범행 직전 책상에 유서를 남겨 놓았다.

'어떤 충동으로 이런 유서를 쓰는지 잘 모르겠다. 아마도 내가 최근에 한 행동들에 대한 막연한 이유를 남기기 위해서일 수도 있다. 최근 나 자신을 정말 이해할 수 없다. 나는 남들만큼 합리적이고 영리한 사람이었을 것이다. 그러나 최근에 (언제부터였는지 모르겠지만) 나는 이

경이로운 뇌

상하고 비이성적인 생각에 시달렸다. 이러한 생각들이 끊임없이 떠올라서, 유용하고 생산적인 일에 집중하기 위해 엄청난 정신적 노력을 해야 했다…'

유서의 마지막에 그는 자신의 행동과 극심한 두통에 대한 생물학적인 원인이 있는지를 밝혀내기 위해 부검을 해달라고 요구했다. 이에 부검을 시행하자 그의 뇌에 작은 종양이 있는 것을 발견했다. 종양은 편도체를 압박하고 있었다. 편도체는 어떤 사건에 대해서 감정적 중요도를 매기는 역할을 한다. 특히 공포와 공격과 많은 관련이 있다. 편도체는 감정적 반응의 조절자 역할을 하기에 우리의 삶에 있어서 매우 중요하다. 이것이 무의식적으로 이루어지기에 더욱 중요하다.

'무의식적'이라는 것은 중요한 의미를 내포한다. 내 의지로 조절할 수 없다는 의미이다. 찰스 휘트먼의 뇌에서 종양이 편도체를 압박했고 이로 인해 뇌에 일련의 반응을 일어났다. 그 결과는 굉장히 비극적이었다.

뇌의 퇴행화, 물리적인 충격, 종양 등으로 전두엽이라고 불리는 뇌의 앞부분에 손상이 생기면, 그 사람의 옷차림, 정치철학, 심지어 종교도 극적으로 달라질 수 있다. 뇌 이상으로 인한 이러한 사례는 우리가 생각하는 것보다 훨씬 많을 것이다. 다만 원인이 명확히 밝혀지지 않았을 뿐이다. 첫 번째 사례의 노교수처럼 뇌 기능 이상이 검사상으로 발견되지 않은 때도 있을 것이고, 두 번째나 세 번째 사례처럼 그 원인이 명확히 밝혀진 때도 있을 것이다. 안타깝게도 현대 의학의 최첨단 검사장비도 뇌의 상태를 정확히 검사할 수는 없다.

가끔 우리는 나 자신이나 주변 사람의 성격, 감정 조절 능력, 판단 능력, 대인관계 능력, 학습 능력 등이 예전 같지 않다거나 부정적인 면에서 다른 사람들과 다르다고 느낄 때가 있다. 이는 일시적 기분, 나이에 따른 호르몬의 변화, 최근의 사건 등에서 영향을 받을 수도 있지만, 상당 부분에서 뇌 이상 또는 뇌 기능 저하가 원인이다.

물론 유아기 때부터 나쁜 환경에서 자랐다면 문제는 더 심각해질 것이다. 올바르지 않은 감정적, 행동적, 사고적 반응이 더 이른 시기에 '강하게' 형성되기 때문이다. 우리의 뇌가 올바르게 기능한다면 우리도 올바르게 사고하고 행동하지만, 그렇지 않다면 우리의 삶도 문제가 생길 것이다. 하지만 희망은 있다. 인간이 긍정적이었기에 지금의 문명을 이룩할 수 있었던 것처럼 말이다. 뇌의 중요성을 인지하고 노력한다면 우리는 뇌 이상으로 인한 다양한 문제들을 극복할 수 있을 거라 믿는다.

# chapter 1

---

## 어릴때의 경험이 왜 중요할까?

가장 잘 키운 아이는 부모를 있는 그대로 보아온 아이이다.
위선은 부모의 첫 번째 의무가 아니다.                    - 칼 세이건

## 개가 무서워?

오래전 시골에서 생긴 일이다. 그 당시 시골에서는 흔히들 개를 키웠다. 아이들은 학교를 마치고 집으로 가던 길에, 어느 집 마당에 얌전히 있던 개를 발견했다. 심심했던 아이들은 개를 향해 장난삼아 돌을 던지기 시작했다. 개의 덩치는 매우 컸지만, 대문이 닫혀 있어서 무서운 줄 모르고 돌을 던졌다. 곧 화가 잔뜩 난 개는 대문을 열고 말았다.

마침 그곳을 지나던 다른 아이가 있었고, 개는 그 아이를 향해서 달려들었다. 다행히 그 아이는 달려드는 개를 겨우 피해서 이웃집으로 도망갔다. 그 사건 이후로 아이는 개를 별로 좋아하지 않게 되었다. 오히려 큰 개를 보면 무서워한다. 내 친구의 이야기다. 왜 이런 일이 생긴 걸까?

그 사람의 뇌에서 '개=두려움'이라는 공식이 생겨났다. 만약 그 아이가 큰 개를 보듬고 즐겁게 지낸 경험이 종종 있었다면 '개=즐거움'이라는 공식이 생겼을 수도 있다. 이것을 뇌 과학에서는 '학습'이라고 한다.

경이로운 뇌

보통 학습하면 우리는 의자에 앉아 공부하는 모습을 상상하지만, 뇌과학에서는 '경험을 통해 특정 자극에 일관되게 보이는 정신적 또는 신체적 반응'을 가리켜 학습이 이루어졌다고 한다. 이러한 학습이 시간을 가로질러 지속되면 '기억'이 된다.

간단한 예는 우리가 생물 시간에 배웠던, '파블로프의 개' 실험이다. 실험에서 개는 종소리만 들어도 침을 흘리게 학습되었다. 뇌는 '종소리=음식'으로 인식하고, 이러한 인식으로 인해 침을 분비하게 된 것이다. 학습은 보통 여러 차례에 걸친 반복 훈련을 통해 이루어진다. 파블로프의 개 실험처럼 말이다.

하지만 앞의 사례처럼 단 한 번의 경험을 통해 이루어지기도 한다. 보통은 경험이 충격적이었을 때 잘 이루어지지만, 단순한 한 번의 경험만으로도 뇌에 학습되기도 한다. 특히 나이가 어릴수록 뇌에서 이러한 학습이 잘 형성된다. 어린 뇌는 뇌 신경이 한창 발달하는 시기이고, 이러한 시기에 일어난 자극은 뇌에 강하게 각인되기 때문이다.


학습은 진화론적 관점에서 필수 요소이다. 훗날 유사한 상황이 발생하면 처음부터 생각하는 것보다 과거의 사례를 참고해 반응하는 것이 시간과 에너지를 절약할 수 있기 때문이다.

1900년대 초반까지 한국에서 야생 호랑이를 보았다는 기록이 있다. 자 그럼 당신이 1900년대 초반을 살고 있다고 가정하자. 산속을 지나다 호랑이를 만났다면 그 순간에는 여러 가지 생각을 할 시간은 충분하지 않을 것이다. 이것저것 머릿속으로 궁리한다면 살아남기가 힘들

것이다. 하지만 과거의 유사 경험을 기억하고 있다면 상황은 좀 더 유리해진다. 당신이 과거의 경험을 바탕으로 신속하게 판단하고 반응한다면 무사히 집으로 돌아갈 확률을 높일 수 있다. 이것이 진화론적 학습의 장점이다.

하지만 원치 않는 부작용을 떠안게 되었다. 뇌에 각인된 반응이 불필요한 상황에서도 작동하는 경우이다. 외상 후 스트레스 장애가 그렇다. 외상 후 스트레스 장애를 가진 사람은 시간과 장소를 가리지 않고 나타나는 괴로운 기억으로 인해 삶 자체가 매우 힘들어진다. 앞의 사례처럼 개를 즐거움과 연상하여 인식할 수 있음에도 불구하고, '개=두려움'이라는 공식이 지워지지 않는다.


개에 대한 이야기를 좀 더 해보자. 학습된 호감이나 반감 같은 성향은 의식과는 상관이 없다. 개를 두려워하는 모든 사람들이 어렸을 때를 기억하는 것은 아니다. 당신은 왜 개를 두려워하는지 알 수도 있고, 모를 수도 있다. 당신이 기억한다면 알 것이고, 기억하지 못한다면 모를 것이다. 어렸을 때 개와 관련된 사건을 기억한다면, 이 사건은 뇌의 '해마'라는 곳에 저장되어 '의식적'으로 기억해 낼 수 있다. 그러나 기억하지 못한다면 '편도체'라는 곳이 주도적 역할을 한다. 이곳은 무의식적이다. 편도체는 특정 사건에 대해 감정을 입히는 일을 한다. 따라서 편도체는 기억을 일으키기보다는 호감이나 반감과 같은 성향으로 나타난다.

이런 경우 당신은 개를 두려워하는 이유를 모를 것이다. 하지만 당신의 편도체는 개와 관련된 사건을 기억하고 있다. 이 때문에 개를 보면 의식적으로는 모르지만, 무의식적으로 신체가 반응하게 된다.

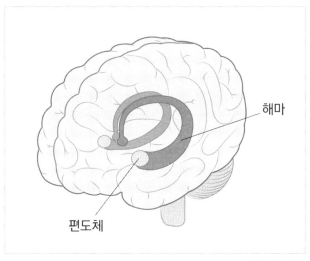

**편도체와 해마**

두 기관은 위치가 서로 가깝고, 기능도 밀접하게 연결되어 있다. '해마'라는 용어는 바다에 사는 해마 모양을 닮아서 그런 이름이 붙여졌다. 편도체 역시 영어로 'amygdala'라고 하는데, 우리가 즐겨 먹는 아몬드 모양을 닮아서 그런 이름이 붙여졌다.

그럼 뇌는 모든 경험을 동일한 정도로 학습할까? 특별히 학습이 잘되는 경험이 있을까?

그렇다. 뇌는 감정적 동요가 큰 사건일수록 쉽게 각인한다. 그 이유는 다음과 같다. 뇌의 편도체는 감정적 처리를 담당한다. 해마는 기억을 담당한다. 편도체는 구조적, 기능적으로 해마와 밀접하게 연결되어 있다. 감정을 담당하는 편도체와 기억을 담당하는 해마가 한 부서에서 같이 일하기 때문에 감정과 결부된 경험이 잘 기억된다. 이것 또한 진화론적으로 의미가 있다. 어떤 사건에서 감정을 느꼈다는 것은 중요한 사건임을 의미하고, 중요한 사건을 기억해 두는 것이 나중을 위해서 생존하는 데 유리하기 때문이다.

감정에는 행복과 같은 긍정적 감정과 슬픔, 분노, 두려움과 같은 부정적 감정이 있다. 여러 감정 중에서 가장 강력한 영향을 주는 것은 '두려움'이나 '공포'다. 두려움이나 공포를 느낀 사건을 잘 기억하는 것은 생존하기 위해 반드시 필요하다.

인간의 안전이 사회제도에 의해 보장받은 지는 단지 몇십 년밖에 되지 않았다. 불과 100년 전에도 우리는 길을 가다 무서운 맹수나 산적을 만날 수 있었다. 그런 상황에서 두려움이나 공포를 느낄 상황은 목숨과 직결되는 경우가 많았다. 따라서 이러한 상황을 기억해 두는 것은 나중에 발생할지 모르는 유사한 경우에서 목숨을 보전하는 데 도움을 주었다. 결국, 인간은 공포와 두려움을 느끼는 상황을 뇌에 더 잘 각인시키게 진화했다. 또한, 여기서 뇌 사용법에 대한 하나의 힌트를 얻을 수 있다. 무엇인가를 잘 기억하고 싶다면 감정적인 요소를 곁들이라는 점이다.

# 루마니아 고아원

뇌 발달은 선천적 유전적 요인과 환경적 후천적 요인이 서로 어우러져 일어난다. 단순한 동물의 경우 유전적 영향이 절대적이어서 프로그램된 생활 방식과 행동만을 고수하지만, 더 복잡한 뇌를 가진 동물들을 보면 후천적 요소의 비중이 커진다. 특히 가장 복잡한 뇌를 가진 인간은 선천적 요소에서 후천적 요소로 이동하는 정도가 훨씬 크다. 마치 집을 짓기 위해서 집의 모양, 창문의 위치는 유전적 설계도를 따르지만, 지붕의 모양, 방의 위치와 크기, 벽의 소재, 벽지의 색깔 등은 경험을 통해 만들어지는 것과 같다.

일부 뇌과학자는 여기서 더 나아가 경험과 환경적 요인이 유전적 요인보다 더 큰 영향을 준다고 주장한다. 2012년 영국의 에딘버러 대학교의 연구팀은 유전적 요소와 후천적 요소가 지능에 얼마나 영향을 주는지를 연구했다. 그들은 2,000명의 DNA와 IQ 검사 결과를 비교했다. IQ 검사는 아동기와 노년기에 두 차례에 걸쳐 이루어졌다. 그 결과 아동기와 노년기 사이에서 발생하는 지능의 변화에서 유전적 요인은 대략 24%라고 발표했다.

개개인의 특징을 나타내는 많은 부분에서 환경과 같은 후천적 요인은 매우 중요하다. 마치 어린아이가 곤란한 상황을 대처하는 데 있어 정정당당히 맞서야 할지, 크게 울어야 할지를 경험을 통해 배우게 되고, 이후 뇌에서는 경험을 통해 배운 자료를 토대로 특정 상황에서 맞설지 아니면 울지를 결정하는 셈이다.


　주위 환경이 어린이 인지발달에 얼마나 큰 영향을 미치는지에 대한 유명한 연구가 있다. 루마니아 고아원 아이들의 입양 후 인지발달 정도를 추적 관찰한 연구이다. 이런 방식의 연구는 수년의 시간이 필요하고 인위적으로 할 수 없기 때문에 중요한 가치를 지닌다.

　1980년대 루마니아는 악명 높은 독재자 차우셰스쿠의 지배 아래에 있었다. 그는 매우 비인간적인 인구증가 정책을 내세웠고, 결과적으로 많은 고아가 생겨났다. 슬프게도 고아원은 고아들로 가득 찼다. 독재 정권이 무너진 후 15만 명 이상의 고아들이 발견되었다.

　많은 아이들이 서방세계로 입양되었는데 연구는 이러한 입양아들을 대상으로 진행되었다. 당시 루마니아 고아원의 환경은 매우 열악했다. 보모들은 아이가 울더라도 안아주거나 반응하지 말라는 지시를 받았다. 제한된 수의 보모로 많은 아이를 돌보기 위한 궁여지책이었다. 아이들은 먹고, 씻는 것 같은 기본적인 것들을 제외한 신체 놀이, 안아주기, 관심 같은 어떤 것도 전혀 경험할 수 없는 환경 속에서 양육되었다. 그 결과 머리나 손을 심하게 흔드는 것 같은 퇴행적 형태와 발달 저하의 모습을 보였다.

　보스턴 아동병원의 찰스 넬슨과 연구진은 날 때부터 고아원에서 살아온 생후 6개월부터 3세까지의 아동 136명을 평가했다. 아이들은 주의력결핍장애, 과잉행동장애, 자폐 유사증, 인지 기능 저하와 같은 문제들이 많이 보였다. 아동들의 지능 지수는 평균 100에 한 참 미달하는 60~80 사이였다. 또한 뇌 발달 저하가 보였고 언어 습득도 매우 느렸다. 감정적 관심과 인지적 자극 없이는 정상적인 뇌 발달이 이루어지지 않기 때문이다.

중요한 것은 이후다. 아이들에게 관심과 풍부한 자극을 주자, 다시 회복되었다. 하지만 결과는 다양했다. 생후 6개월 이전에 입양된 아이들은, 역시 입양되었지만 불우하지 않은 환경에서 자란 다른 아이들과 비슷한 정도로 회복되었다.

생후 6개월 이후에서 2세 이전에 입양된 아이들은 약간의 문제 가능성을 보였지만, 대개 잘 회복되었다. 반면에 2세 이후에 입양된 아이들은 좋아지기는 했지만, 또래 아이들과 비교하여 경미하거나 심한 정도의 발달 문제들을 보였다. 여기서 우리는 중요한 사실을 하나 깨달을 수 있다. 어릴수록 뇌는 주변 환경의 영향을 잘 받는다는 점이다.

어릴수록 좋은 영향도 쉽게 받고, 나쁜 영향도 쉽게 받는다. 이 시기에는 급격한 뇌 발달이 이루어지기 때문이다. 갓 태어난 아기의 뇌 신경은 서로 충분히 연결되어 있지 않지만, 생후 2년 동안 뇌는 급격한 뇌 신경 연결망을 만들어낸다. 매초 약 200만 개의 연결이 생겨서 2살이 되면 200조가 넘는 뇌 신경 연결망을 가지게 된다. 특히 대뇌피질에서 왕성하게 일어나는데, 이때의 급격한 신경계 발달 시기에 환경과 경험이 주는 영향이 결정적 역할을 한다.

이 시기를 어떻게 보냈느냐에 따라 미래의 모습이 근본적으로 영향을 받는다. 사실 200조라는 숫자는 학자마다 약간의 차이가 있다. 적게는 100조 개에서 많게는 1,000조 개까지 다양하게 언급된다. 어쨌든 이는 엄청난 숫자임은 틀림없다. 우리가 100세까지 살고 1초에 숫자 하나씩 센다고 가정하면 생을 마감하는 순간까지 '겨우' 32억 개도 세지 못할 것이다. 뇌는 정말 경이롭기 그지없다.

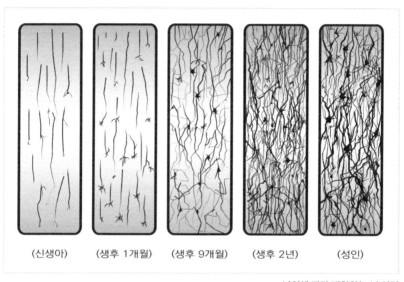

| (신생아) | (생후 1개월) | (생후 9개월) | (생후 2년) | (성인) |

**나이에 따라 변화하는 뇌 신경**

생후 2~3년 정도까지는 계속 뇌 신경의 연결(시냅스)이 발달한다. 이는 성인의 두 배이다. 그 후에는 필요 없는 신경 연결은 제거된다.

어린 시절 환경은 수십 년 뒤의 결혼 생활에도 커다란 영향을 준다. 텍사스 대학의 로버트 아크만 교수는 20년에 걸쳐 어릴 때의 가정환경이 성인이 되어 가정을 꾸려갈 때 어떤 영향을 주는지 연구했다. 1989년 288명의 아동을 대상으로 그들의 가정에서 대화 방식이나 갈등 상황에서 문제 해결 방식 등을 조사했다. 이후 20년 뒤, 아크만 교수는

경이로운 뇌

성인이 되어 결혼한 이들을 다시 조사했다.

조사 결과에 따르면 어릴 적 가정환경의 영향은 현재 배우자와의 관계에서도 분명히 나타났다. 화목한 가정에서 자란 사람일수록 배우자에게 더 많은 공감과 애정을 표현하고 갈등 상황에서 공격적 반응보다는 대화로 문제를 해결하려고 했다. 이는 당연히 더 만족스러운 결혼 생활로 이어졌다.

이제 막 태어난 갓난아기는 타인과 관계 맺는 법을 가정에서 가장 처음 보고 배운다. 어떻게 공감하고 어떻게 갈등을 해결하는 지를 부모나 형제자매와의 관계를 통해 학습하게 되고, 이때 형성된 방식은 본인 결혼 생활의 밑바탕을 이룬다. 가정에서 안정적 애착 관계를 맺고 성장하면 애정의 가치를 바르게 느끼고, 편안하고 합리적으로 관계를 맺는다. 자존감이 높고, 낙천적이고, 회복 탄력성이 있다. 또한, 논쟁할 때에 모욕적인 언사를 들어도 좀 더 쉽게 상황을 극복할 수 있다.

불안증도 그렇다. 아이의 작은 행동에도 지나치게 비판적인 부모는 언제 화낼지 모른다는 두려움에 아이를 항상 떨게 한다. 과잉보호를 하는 부모는 아이가 난감한 상황을 맞이했을 때, 좋지 않은 결과에 대해 필요 이상의 불안감을 느끼게 한다.

학업 성적에 관심이 많은 부모라면 솔깃할 만한 연구 결과도 있다. 1965년 로젠탈과 동료는 초등학생들을 대상으로 지능 검사를 하여 그 결과를 선생님들에게 알려주었다. 그리고 그들의 지능 수준에 맞게 교육을 받도록 하였다. 이후 지능이 높다고 평가된 학생들은 기대에 부응해 우수한 학습 성적을 나타냈다. 하지만 당황스러운 사실은 그 학생들의 지능이 평범했다는 점이다. 똑똑한 인재로 대우받자 성적도 기대만큼 향상되었다.

어린 시기 환경이 주는 영향에 관한 연구는 매우 많다. 인간을 대상으로 하는 실험은 쉽지 않기에 주로 동물을 대상으로 이루어졌다. 다행스럽게도 현재는 실험 중에 동물 학대가 일어나지 않도록 제도가 강화되고 있다.

부주의한 어미 쥐에서 태어났지만, 양육을 잘하는 어미 쥐가 보살펴 준 새끼 쥐는 양육을 잘하는 어미 쥐가 낳은 새끼 쥐들과 뇌 신경 발달상의 차이가 없었다. 그러나 양육을 잘하는 어미 쥐에서 태어난 새끼 쥐가 부주의한 어미 쥐 밑에서 자랐을 때는 반대의 결과가 일어났다.

다른 연구에서는 쥐를 두 그룹으로 나누었다. 한 그룹은 작은 공, 사다리, 파이프 같은 자극이 풍부한 환경에서 자랐고, 두 번째 그룹은 장난감이 없는 빈곤한 환경에서 자랐다. 이후 자극이 풍부한 환경에서 자란 쥐들의 뇌는 신경이 더 많아지고 커졌으며 세포핵도 커졌다. 또한, 신경세포 수상 돌기의 수가 증가했고 대뇌피질의 크기가 빈곤한 환경에서 자란 쥐들에 비해 10% 더 커졌다. 자가 치유 능력도 향상되어 손상을 입었을 때도 회복 속도가 훨씬 빠르게 나타났다. 더욱 놀라운 점은 이러한 변화가 불과 며칠 사이에 나타났다는 것이다.

스트레스에 대한 건강관리 능력도 어릴 적 환경의 영향을 받는다고 보고한 연구도 있다. 어미가 세심하게 보살핀 쥐는 나중에 발행하는 스트레스 상황에 잘 대처했다. 그러나 어미의 보살핌을 받지 못한 채로 자란 쥐들은 스트레스 상황에 제대로 대처하지 못했다. 생애 초기의 경험이 스트레스 대응 방식에 영향을 주는 것이다.

위스콘신 대학교의 심리학자인 해리 할로의 원숭이 연구도 있다. 붉은털원숭이를 어미가 없는 환경에서 키웠다. 어미 대신에 어미 모형 인형 두 개를 새끼 원숭이 우리에 넣어줬다. 한 인형에는 철로 만든 몸통 가운데에 분유통을 끼웠고, 다른 인형에는 분유통 없이 수건 천으로 몸통을 감쌌다. 원숭이들은 어디로 향했을까? 원숭이들은 먹을 것이 있는 철로 된 어미 인형보다는 부드러운 천으로 된 어미 인형으로 향했다. 이 실험은 새끼 원숭이들이 어미의 존재 가치를 부여하기 위해서는 먹이 이상의 무언가를 필요로 한다는 점을 말해준다. 그것은 다름 아닌 사랑과 관심이다.

# 자궁 안에서의 경험

성격, 성향, 사고방식, 행동방식 등 나란 정체성을 구성하는 많은 부분이 어린 시절의 경험에 토대를 둔다고 여러 연구에서 말하고 있다. 어린 뇌일수록 주변 환경의 영향을 쉽게 받아들이기 때문이다. 그러면 무조건적인 보호와 사랑이 최고의 방법일까?

그렇지 않다. 아무리 좋은 환경이더라도 적절한 자극이 없는 환경에서 자란다면 뇌는 제대로 발달하지 못한다. 적절한 자극이란 뇌가 바람직한 방향으로 활성화되도록 유도하는 자극을 뜻한다.

재미있는 연구가 하나 있다. 일본의 나리타 코스케 연구팀은 20~30세 사이 남녀 50명의 뇌를 스캔하고 16세 때까지의 부모와의 관계를 조사하여, 과잉보호를 받았는지 아닌지를 판단하였다. 스캔 결과, 지나친 모성애나 부성애로 과잉보호를 받은 사람들의 전전두엽 회색질 크기가 혼자 놀이터에서 놀던 사람들보다 뚜렷하게 적었고, 이는 어린 시절 부모의 관심과 사랑을 거의 받지 못한 사람들과 비슷한 정도였다.

과잉보호를 하면 아이들이 자기 선택권을 가질 수 없고, 이는 여러 상황을 경험할 기회를 박탈한다. 건강한 뇌로 발달하기 위해서는 여러 경험을 통해 능동적으로 반응하고 다른 사람과 관계를 맺어 이를 발전시키는 자극이 필요하다. 이러한 자극이 없으면 아이는 수동적이 되고, 뇌가 적극적으로 사고하지 못하도록 만든다. 결과적으로 뇌 성장을 방해하게 된다.

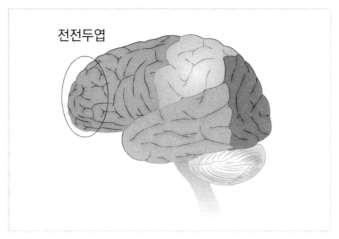

'전'은 앞을 의미하고, 전전두엽은 전두엽의 앞부분을 의미한다. 이곳은 사고, 추론, 계획, 억제 등과 같은 인간의 가장 고차원적인 기능을 담당한다.

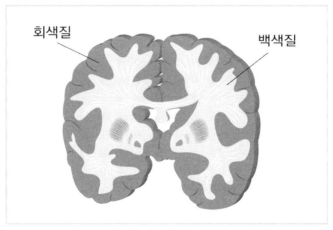

**회색질과 백색질**

회색질은 뇌의 겉 부분을 말한다. 해부해서 보면 회색으로 보이기 때문에 회색질이라고 불린다. 이곳은 뇌 신경의 몸통이 위치하기 때문에, 뇌에서 핵심적 기능을 하는 부분이다. 백색질도 마찬가지 이유로 이름이 붙여졌다.

그럼 여기서 또 하나의 의문이 들 수 있다. 환경이 뇌 발달에 영향을 준다면 언제부터 그러한 영향을 받을까? 자궁에서부터일까? 태어난 이후일까?

기존에는 자궁 속의 태아는 의식이 없다고 여겨졌다. 그러나 지금은 자궁의 경험도 태아에게 중요하다는 연구 결과가 계속 나오고 있다. 이와 관련된 테사 로즈붐과 동료들의 연구는 매우 놀라운 결과를 보여준다.

세계 2차 대전 중인 1944년의 네덜란드는 나치에 의해 식량이 징발되어 먹을 수 있는 음식이 거의 없었다. 이러한 상태는 5개월간 지속되었고, 당시 하루에 먹을 수 있는 양은 빵 2조각과 감자 2개, 사탕무 반쪽이 전부였다. 이는 하루에 필요한 열량의 1/5에서 1/6 수준이었다. 연구진은 암스테르담의 한 병원 출생기록을 이용해 그 당시에 태어난 사람들을 대상으로 조사하였다. 그들을 찾아서 인터뷰와 병원검사를 하였다.

그 결과 심혈관, 폐, 신장 관련 질환과 유방암, 우울증 발생 가능성이 컸다. 그 영향은 매우 커서 심장마비의 경우에는 2배에서 4배 더 많이 발생하는 것으로 나타났다. 같은 산모의 다른 시기에 태어난 형제, 자매의 건강상태는 양호했다. 임산부의 건강상태가 태아의 평생 건강에 영향을 준다는 사실은 매우 충격적이다.

그런데 더 심각한 문제가 있다. 여성의 경우, 성인이 되어서 배출할 약 백만 개의 난자를 가지고 태어난다. 이 중 약 4백 개가 평생 배출된다. 태아는 난자를 지닌 채로 태어나기 때문에 태아의 건강상태에 따라 태아의 난자도 영향을 받는다.

결국, 손자까지 할머니의 임신 기간 영양 상태에 따라 영향을 받는 셈이다. 하지만 여기서 끝이 아니다. 이 손자가 낳은 아기 또한 영향을 받는다. 결국, 임신한 여성의 건강상태는 4대에 걸쳐 그 영향을 줄 수 있다. 가히 충격적이다.

임산부의 건강이 후손의 건강에 지속해서 영향을 준다는 사실에서, 뇌도 영향을 받을 것이라고 쉽게 짐작할 수 있다. 또 다른 연구에서는 산모의 우울증은 태아의 스트레스 호르몬인 코르티솔의 수치를 높여 뇌 발달을 저해한다고 말하고 있다. 루마니아 고아들의 발달 과정을 조사한 찰스 넬슨의 다른 연구에서는 신생아가 엄마의 목소리를 낯선 사람의 목소리와 구분하여 다른 뇌파 반응을 보인다는 것을 밝혀냈다. 많은 연구에서 인간의 경험은 엄마의 자궁에서부터 시작한다고 말하고 있다.

태어난 순간부터 주변 환경으로부터 쏟아지는 자극에 비하면, 엄마의 자궁 속은 평화롭기 그지없다. 하지만 우리의 경험은 자궁에서부터 시작된다. 그래서 나는 신경해부학 강의 시간에 학생들에게 이렇게 말하곤 했다. "본인이나 부인이 임신했을 때는 부부싸움을 절대 피해야 합니다. 꼭 해야겠다면 출산 후까지 참고 기다리다가 아기가 없는 곳에서 하세요. 임신 기간 어떻게 지냈느냐에 따라 아기와 여러분 후손의 인생이 달라질 수 있습니다. 그러면 여러분 인생도 달라지겠지요."

대부분의 연구가 어머니의 생물학적 특징과 2세와의 연관성을 중점적으로 다뤘지만, 아버지의 경우도 비슷하다. 2015년 캐나다 맥길대학교 사라 키민스 연구진은 쥐 실험을 통해, 아버지가 자녀를 낳기 전의 후천적인 생활습관이나 환경 영향으로 인한 키와 몸무게, 질병의 유무, 수명 등과 관련된 요인들이 정자에 기록되고, 이는 아들과 손자에게까지 영향을 미칠 수 있다고 주장했다. 정자가 생성되는 과정에서 유전자 단백질 변형이 일어날 경우, 이를 물려받은 2세에게도 이와 관련된 질병이나 선천적 결손이 생길 수 있다는 것이다.

예를 들어 A라는 남성이 선천적으로 당뇨나 비염이 없더라도 생활습관이나 환경 등 후천적 요인으로 인해 이러한 질환이 생기면, 이는 A의 아들이나 손자에게도 나타날 수 있다는 생각이다.

이를 '세대 간 후성 유전'이라고 하는데, 기존 생물학계에서는 아직 논란이 있는 이론이다. 하지만 2015년에 레이첼 예후다 박사가 유전자 분석을 이용해 2차 세계대전 홀로코스트 트라우마도 자녀에게 유전된다는 실험 결과를 발표한 것처럼 최근에는 이를 입증하는 연구 결과가 속속 등장하고 있다. 만약 당신이 건강하고 현명한 2세를 원하는 남성이라면, 당신의 역할은 중요하다. 후천적 변화는 당신 아이의 건강과 삶을 바꿀 수 있다.


표창원 범죄심리분석가는 강력범죄자들은 100% 아동학대 피해자라고 말한다. 그렇다고 해서 그들의 범죄를 용서하자는 말은 아니다. 그의 견해는 뇌과학적으로 매우 타당하다. 만약 그들의 어린 시절로 돌아가서 그 아이들을 가혹한 매질이 아닌 사랑과 포용으로 대했다면, 그들의 미래는 어떻게 되었을까? 분명 달라졌으리라고 확신한다. 어린

이들은 부모나 어른의 강압적 행동에 저항할 수 있는 신체적, 정신적 조건이 안 된다. 그들은 복종할 수밖에 없다. 복종할 수밖에 없는 그들을 우리 어른들이 최선의 길로 인도하도록 노력해야 한다.

유아나 어린이는 대인관계나 세상을 알아가는 데 있어, 부모와의 상호관계에서 가장 많은 정보를 얻는다. 비정상적인 상황에서 비정상적인 대우를 받게 되면, 사회나 타인에 대해 뒤틀리고 왜곡된 인식이 뇌에 각인된다. 특히 어린 시기에 공포와 결부된 경험은 매우 강력하다. 어린 시기의 경험은 개인의 성격, 성향, 취향에 긍정적이든 부정적이든 평생에 걸쳐 강한 영향을 준다.

# chapter 2

## 무의식이 당신을 조종한다

무의식을 의식으로 만들지 않는 한 무의식은 당신의 삶을 통
제할 것이며, 우리는 그것을 운명이라 부른다.          - 카를 융


# 나도 내가 왜 그러는지 몰라


친구 중에 거절을 못 하는 친구가 있다. 고치려고 부단히 노력하지만
잘되지 않는다. 마음속으로 '노'를 외치지만, 비슷한 상황에 오면 매번
입에서는 '예스'가 나온다. 덕분에 곤란한 상황을 겪은 적이 한두 번이
아니다. 누구나 이와 비슷한 경험을 하나쯤은 가지고 있다. 그러나 고
치고 싶은 성격이나 습관은 쉽게 바뀌지 않는다. 왜 이렇게 같은 실수
를 되풀이할까?

그것은 바로 의식적 자아와 '생각'이 다른 무언가가 저 뒤편에서 우리
를 조종하고 있기 때문이다. 누구나 하루를 보내면서 중요하거나 하찮
은 또는 그 중간쯤에 있는 무수히 많은 생각과 판단과 행동을 한다.
이 많은 생각이나 행동들이 내 의식적 요구에 따라 결정되는 건 지극
히 당연하다. 그러나 최근의 많은 연구가 그렇지 않다고 말하고 있다.


대학생들을 두 집단으로 나누었다. 한 집단은 스포츠, 근육, 활력과
같은 젊음과 관련된 단어를 이용해 짧은 글을 짓도록 했고, 다른 집단

은 질환, 통증, 느림과 같은 늙음과 관련된 단어를 이용해 글을 짓도록 했다. 진짜 실험은 이제부터다. 작문을 마치고 건물을 나가기 위해서는 계단을 올라가야 한다. 이때 계단을 올라가는 속도를 측정했다. 놀랍게도 젊음과 관련된 단어를 이용해 작문한 집단은 계단을 빠르게 걸어 올라갔고, 늙음과 관련된 단어를 이용한 집단은 계단을 느릿하게 올라갔다.

젊은이와 노인

이 연구 결과에 충격을 받아, 더 큰 실험이 행해졌다. 네덜란드 암스테르담 국제공항에 젊은이 사진의 광고판을 부착하고 여행객들의 보행 속도를 측정했고, 노인 사진의 광고판을 부착하고 보행 속도를 측정했다. 결과는 앞의 실험과 마찬가지였다. 젊은이 사진이 있는 광고판을 부착했을 때 여행객들의 걸음걸이가 빨랐다. 그러나 여행객들은 이를 인지하지 못했다.

의식과 자유의지에 대한 선구적 연구자인 벤자민 리벳의 실험은 더 충격적이다. 그는 대상자들에게 원하는 아무 때나 버튼을 누르되, 정확히 언제 누르고 싶었는지를 보고하도록 했다. 그리고 그 과정을 뇌 영상 기기로 촬영했다. 결과는 누르고 싶다는 의식적 생각이 있기 거의 1초 전부터 손가락 운동을 담당하는 뇌의 영역이 반응하기 시작하는 것으로 나타났다. 의식적 결정에 앞서 몸이 먼저 반응한 것이다. 그는 의식과 자유의지는 의식적 행동의 초기 과정에서 역할이 거의 없다고 주장했다.

존딜런 헤인스와 연구팀은 fMRI에 누운 대상자들에게 아무 손으로 버튼을 누르되, 오른손 혹은 왼손 중에서 어느 손으로 버튼을 누를지를 결정하라고 했다. 결과는 마찬가지로 대상자들이 결정을 내리기 거의 10초 전에 뇌가 먼저 반응했다. 신체 오른쪽의 움직임은 왼쪽 뇌에서 담당하고 신체 왼쪽의 움직임은 오른쪽 뇌에서 담당한다. 즉 좌뇌와 우뇌는 서로 신체의 반대 부위를 담당한다. 대상자가 왼손으로 누를 것을 결정했다면 이미 수 초 전에 오른쪽 뇌에서 손가락을 담당하는 뇌 부위가 반응하기 시작했다. 생각한 이후에 행동하는 것이 아니라 행동을 담당하는 뇌 신경이 먼저 활성화되고 이후에 이를 해야겠다고 생각하는 것이다.


우리는 지금껏 행동할 때 의식적 사고 과정이 선행하고, 이후에 거기에 맞춰 신체가 움직인다고 믿어왔다. 하지만 많은 실험과 연구들은 신체가 먼저 반응하고 그다음에 의식적 판단을 한다고 말하고 있다.

예를 들면 카페에 갔다고 상상하자. 눈앞에 오렌지 주스와 커피가 있다. 무엇을 마실지 고민하다가 커피를 주문했다. 당신은 순전히 '내 의지'에 의해 커피를 선택했다고 생각하겠지만, 뇌는 당신이 의식적으로 결정하기 전에 이미 커피를 결정했고, 당신은 단지 뇌가 시키는 대로 따랐을 뿐이다. 살아오면서 해왔던 많은 결정이 사실은 내 의지와는 상관없이 이미 정해진 바를 실행하는 것이라는 주장은 놀랍다는 것을 넘어 당혹스럽기까지 하다. 이러한 사실을 어떻게 받아들여야 하나? 내가 의식적으로 결정하기도 전에 결정이 이루어졌다면 누가 이런 무례한 일을 벌이는가? 그리고 왜 이런 일이 생기는가?

이것의 해답은 바로 무의식에 있다. 무의식이 저 뒤편에서 우리가 알아채지 못하게 조종하고 있기 때문이다. 그러나 일상생활에서 우리는 무의식의 행위를 전혀 인지하지 못하면서 내 자유의지에 의해 살고 있다고 믿고 있다. 이것은 당연해 보이기에, 누구도 저 뒤편에 숨은 막강한 무의식의 존재를 인지하지도 못하고, 또 인정하려 들지도 않는다.

그러면 왜 무의식이 내 의지를 조종하는 일이 발생하게 되었을까?

# 무의식의 놀라운 능력

눈으로 보이는 색, 귀로 들리는 소리, 코로 맡는 냄새, 입으로 느껴지는 맛, 피부를 통한 촉각, 근육과 관절의 위치를 알려주는 감각 정보들이 매초 실로 어마어마하게 뇌로 들어온다. 문제는 '의식적' 뇌는 이를 모두 처리할 수가 없다는 점이다. 간, 근육, 지방세포와 같은 다른 조직과는 달리 뇌에는 에너지를 저장할 수 있는 공간이 없다. 따라서 혈액으로 공급되는 에너지만큼 만 이용하여야 한다.

뇌는 할 일이 많지만 공급되는 에너지는 한정되어 있다. 이런 상황에서 뇌는 최대의 효율성을 지니는 전략을 선택했다. 실제로 뇌는 놀라운 에너지 효율성을 가지고 있다. 슈퍼컴퓨터는 많은 에너지를 소비하지만, 그 이상의 일을 해내는 인간의 뇌는 냉장고 전구 전력의 1/3 정도만 소비한다.

컵 쌓기 대회 챔피언과 당신이 컵 쌓기 시합을 한다고 상상해보자. 당연히 챔피언의 승리를 예상할 것이다. 또한, 컵 쌓기 동안 그의 뇌는 더 많은 에너지를 소모하며 더 격렬히 활동할 것으로 추측할 것이다. 그러나 미국 스탠퍼드 대학교 신경과학자인 데이비드 이글먼의 실험 결과는 그렇지 않았다.

컵을 쌓는 동안 뇌파검사를 해보니 컵 쌓기 대회 챔피언의 뇌는 알파파 구역에서 주로 활동했고, 일반인의 뇌는 베타파 구역에서 주로 활동했다. 알파파는 주로 명상과 같이 정신적으로 편안한 상태에서 나타나고, 베타파는 불안, 흥분, 긴장 상태처럼 뇌가 활발히 활동할 때 나타난다. 챔피언의 뇌는 컵 쌓기를 하는 동안 일반인의 뇌와 달리 더 평온하고 안정된 상태였고, 일반인의 뇌는 더 복잡스럽고 어수선하게 일한 셈이다.

우리는 모두 이와 비슷한 상황을 일상생활에서 경험하고 있다. 처음 자전거나 운전을 배울 때 모든 신경을 집중한다. 핸들을 단단히 잡고, 넘어지지 않기 위해 최대한 균형을 유지하면서 주변의 모든 물체에 주의를 기울인다. 하지만 일단 익숙해지면, 핸들을 잡는 손에 신경을 쓰거나 의식적으로 균형을 유지하려고 애쓰지 않는다. 전방을 집중해서 응시하지도 않는다. 운전도 처음에는 긴장해서 운전석을 바짝 당겨 앉아 모든 주의집중을 기울이지만, 일단 익숙해지면 아무 생각 없이 운전한다. 컵 쌓기도 마찬가지다. 연습을 통해 컵 쌓는 동작이 손에 익숙해지면, 이렇게 할지 저렇게 할지 의식적으로 많은 것을 고려할 할 필요가 없다.

이것이 가능한 이유는 뇌에는 상황을 스스로 통제할 수 있는 자동 제어 시스템이 있기 때문이다. 이것이 무의식이다. 자전거 타기를 처음 배울 때는 의식이 주도하고, 이후 익숙해지면 무의식이 주도한다. 뇌 영역으로 보면, 처음 배울 때는 소뇌와 전두엽의 일차운동 피질이 주로 활성화되고, 이후 익숙해지면 기저핵의 선조체가 주동적인 역할을 한다. 무의식은 결정의 순간에 이것저것 고민하지 않으면서 상황을 효율적으로 처리하게 해 준다. 따라서 뇌는 에너지를 절약할 수 있고, 이는 에너지 효율성 측면에서 굉장히 중요하다.

 인간에게 무의식이 필요한 이유는 이뿐만이 아니다. 또 다른 중요한 이유가 있다. 무의식은 빠르게 반응한다. 이런 신속한 반응은 생존을 위해서 반드시 필요하다. 뇌의 궁극적 목표는 생존이다. 의식적 사고 과정은 상상하지 못할 정도로 많은 신경세포 간의 상호작용을 요구하며 시간도 많이 소비된다. 위급한 상황에서 시간 소비는 자칫하면 생명을 위협할 수 있다. 이런 경우에는 재빠르게 반응해야 살아남을 수 있다.
 깊은 산 속으로 캠핑을 떠났다고 상상해보자. 외국에는 덩치 큰 야생 곰이 많다. 텐트를 치고 있는데 저쪽에서 검붉은 무언가가 움직이고 있다. 이럴 때는 신속함이 생사를 가를 수 있다. 신경과학자 딘 버넷은 그의 저서 〈뇌 이야기〉에서 이에 대해, '저것이 무엇인지 좀 더 기다려보자'라는 자세보다는 '뭔지 모르겠지만 일단 도망가자!'라는 자세를 갖춰야 살아남을 확률이 더 높다고 이야기하고 있다.

 신속하게 반응하기 위해 인간은 잠재적인 두려움에 대한 본능적 감지 능력도 갖추고 있다. 일본 나고야 대학의 노부야키 카와이 연구팀은 여러 동물의 사진을 가지고 낮은 해상도에서부터 높은 해상도까지 20단계로 만들어, 차츰 해상도를 높여가며 사람이 언제 인지할 수 있는지를 평가했다. 고양이나 새처럼 해가 없는 동물의 경우는 10단계 혹은 그 이상에서도 인지하지 못했지만, 뱀은 8단계에서 90%의 정확도로 인지했다. 이는 과거 인류의 조상에게 뱀은 위협적인 동물이었고 살아남기 위해 이를 빨리 알아채는 것이 중요했기 때문이다.

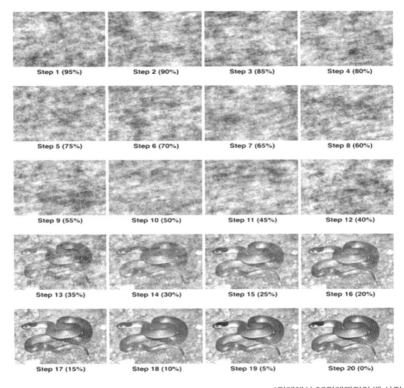

1단계에서 20단계까지의 뱀 사진

(출처: Breaking Snake Camouflage: Humans Detect Snakes More Accurately than Other Animals under Less Discernible Visual Conditions)

　스웨덴 웁살라 대학의 실험도 같은 결과를 보여준다. 6달이 된 아기 48명을 대상으로 부모 무릎 위에 앉히고 화면으로 여러 가지를 보여주었다. 꽃이나 물고기에는 별다른 반응이 없던 아기들이 뱀을 보자 눈동자가 커지는 스트레스 반응을 보였다. 이는 뱀을 한 번도 본 적이 없는 인간도 본능적으로 뱀을 두려워한다는 사실을 보여준다.

본능적 두려움에 대한 침팬지 실험도 있다. 침팬지를 대상으로 뱀을 무서워하도록 훈련했다. 그러자 실험 대상 침팬지가 뱀을 무서워하는 광경을 본 다른 침팬지들도 뱀을 무서워하기 시작했다. 그러나 꽃을 무서워하게 훈련하면 이 광경을 보는 다른 침팬지들은 반응하지 않았다. 뱀에게는 공포심을 느꼈지만, 꽃은 그렇지 않았다. 이런 본능적 두려움은 진화 과정에서 인간의 DNA에 새겨졌고, 위험 상황에서 무의식적으로 빠르게 반응하도록 만들었다.

## 진정하고 싶지만, 진정이 안 돼

앞서 뇌가 쓸 수 있는 에너지는 한정되어 있다고 말했다. 무의식의 빠른 반응은 이와도 연관이 있다. 뇌가 상황 분석을 위해 에너지를 쓰며 시간을 낭비하기보다는, 일단 상황 자체에 집중하여 빠르게 반응해야 제한된 에너지를 효율적으로 이용할 수 있다.

길을 걷는데 맞은편에서 한 무리의 사람들이 소리를 지르며 이쪽으로 달려오고 있다고 하자. 이때 뇌는 '왜 사람들이 저렇게 도망가지?'를 생각하기보다는 일단 무리에 합류해서 같이 도망가는 것을 선택한다. 그래야 생존 가능성을 높일 수 있기 때문이다. 그러나 상황 자체에 초점을 맞춰 빠르게 반응하다 보니 정확성을 희생해야 하는 문제가 생겼다. 위험 상황이 아닌데도 위험신호를 마구 내보내게 된 것이다. 외상 후 스트레스 장애, 공황장애, 과도한 불안증이 그러한 예이다.

외상 후 스트레스 장애는 때로는 참혹한 결과를 초래하기도 한다. 2018년 미국 LA 교외의 한 술집에서 아프가니스탄에서 복무한 적이 있는 전직 해병대원이 마구잡이로 권총을 난사하여 12명을 죽이고 스스로 목숨을 끊었다. 사건을 조사한 경찰은 외상 후 스트레스 장애를 원인으로 지목하기도 했다. 외상 후 스트레스 장애를 극복하기는 쉽지 않다.

공포와 공격은 편도체와 많은 연관이 있는데 편도체를 자극하는 경로는 두 가지이다. 첫 번째는 대뇌의 전두엽을 거쳐 편도체로 가는 간접경로가 있고, 두 번째는 바로 편도체로 들어가는 직접 경로가 있다. 이 두 번째 경로는 바로 가기 때문에 더 빨리 전달된다. 문제는 편도체가 너무 빠르게 반응하기 때문에 상황을 정확히 파악하지 못하는 데에 있다. 정말 두려워하거나 분노해야만 하는 상황인지 아닌지를 판단하기도 전에 낌새가 있으면 신체에 적색경보를 발령한다.

길을 걷다 '꽝'하는 큰 소리가 울렸다고 상상해보자. 대뇌의 전두엽은 모든 신경계를 통제한다. 만약 전두엽을 거쳐 편도체로 가는 간접경로로 간다면, 대뇌는 편도체한테 '옆에서 들리는 소리는 공사장에서 나는 소리야. 별것 아니니 걱정하지 않아도 돼'라고 말하며 편도체를 진정시킬 것이다. 하지만 바로 가는 두 번째는 경로는 대뇌가 이러한 말을 하기도 전에 이미 편도체를 흔들어 깨웠다. 큰 소리는 옛날 지진을 경험했던 때를 상기시키고 당사자는 진정할 틈도 없이 두려움과 공포에 떨게 된다.

무대 공포증이 있는 사람들이 꽤 있다. '별거 아니야. 편안하게 하자' 라고 스스로에게 되뇌지만, 무대를 상상하거나 보는 것만으로도 손에는 땀이 나고, 심장은 쿵쾅거리고, 몸은 뻣뻣하게 경직된다. 전두엽이 편도체한테 비상상황이 아니고 잘 헤쳐나갈 수 있다는 것을 설득하려 하지만 이미 편도체는 흥분 상태에 빠져버렸다.

사실 전두엽과 편도체는 서로 영향을 주고받는다. 하지만 편도체가 전두엽에 주는 영향이 더 강하다. 마치 편도체에서 전두엽으로 가는 길은 4차선 고속도로이고, 전두엽에서 편도체로 가는 길은 1차선 국도인 것과 비슷하다. 그러므로 이성이 감정을 조절하기는 어렵지만, 감정은 이성을 쉽게 지배할 수 있다.

이럴 때는 다른 곳으로 의식을 집중하는 것이 흥분 상태를 벗어나는 하나의 방법이다. 간단한 예는 자기 자신의 호흡에 집중하는 방법이 있다. 깊게 들이마실 때 들어가는 공기의 흐름에 집중하고, 천천히 내쉬면서 나가는 공기의 흐름에 집중하는 식이다. 다른 방법은 내가 해야 할 상황에 집중하는 것이다. 예를 들면 대중 앞에서 발표하는 경우, 발표하는 상황보다는 발표해야 하는 내용을 머릿속으로 정리하면서 발표 내용에 집중한다.

새로운 기술을 배울 때는 의식적으로 페달을 밟거나 운전대를 꼭 쥐고 있기 때문에 대뇌 앞부위에 있는 전두엽이 활발히 작동한다. 또한, 이러한 동작을 자연스럽게 만들기 위해서 소뇌 역시 많은 일을 한다.

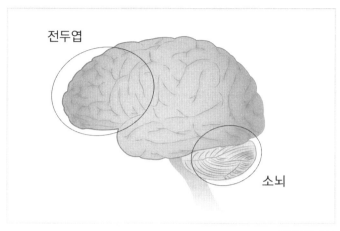

전두엽

소뇌

전두엽과 소뇌

이때는 뇌에서 많은 에너지를 소비할 뿐만 아니고 뇌의 여러 부위에서 정보를 주고받기 때문에 시간이 오래 걸린다.

그러나 일단 동작이 익숙해지면, 전두엽이나 소뇌보다는 뇌 깊숙이 위치한 기저핵이라는 부위가 주로 관여하게 된다. 신경은 새로운 연결을 단단히 형성하게 되고, 소프트웨어가 아닌 하드웨어가 되면서 의식이 인지하지 못하는 곳으로 사라진다. 이 상황이 되면 뇌의 에너지 소비는 줄어들고, 더 빠르고 신속하게 반응할 수 있다. 더 중요한 다른 일에 의식을 집중할 수 있는 장점도 있다. 새로 형성된 신경 연결은 견고하고 안정적인 신경회로가 되면서, 특별한 지각 없이도 신속하고 자연스러운 동작이 나오게 된다.

일단 새로 형성된 신경회로가 하드웨어가 되어 의식 아래로 모습을 감추면, 그것은 쉽게 사라지지 않는다. 지난주 일요일 점심때 무엇을 먹었는지 기억하는 것은 신경회로가 계속해서 연결되어 있기 때문이다. 그러나 한 달 뒤에 기억이 나지 않는다면 지난 점심과 관련된 기억의 신경 연결이 끊긴 상태이다. 중학교 수학 시간 때 배운 '근의 공식'이 아직도 생각난다면, 근의 공식과 관련된 신경 회로가 아직 건재하기 때문이다. 신경이 안정적으로 형성되어서 소프트웨어가 아닌 하드웨어가 되어 의식 아래로 가라앉기 위해서는 오랜 시간에 걸친 많은 반복과 연습이 필요하다. 야구 선수가 밤낮없이 스윙 연습을 하여 최적의 스윙 동작을 몸에 배게 만드는 것처럼 말이다.

우리나라 프로야구를 대표하는 어느 타자는 인터뷰에서 이런 말을 했다. '저는 슬럼프에서 벗어나기 위해, 타석에 들어서면 생각을 안 하려고 합니다.' 이는 뇌과학적으로 좋은 방법이다. 연습을 통해 만들어진 무의식에서 나오는 동작을 의식적으로 자각한다면 최적의 스윙 동작이 안 나올 수 있다. 대뇌 전두엽을 통해 의식이 관여하게 되면 이미 형성된 신경 회로에 불필요한 명령이 전달되고 오히려 정교한 스윙을 방해하게 된다. 의식적 자각은 동작을 방해할 뿐만 아니라 전두엽의 정보를 처리하는 동안 속도도 느려지게 한다.

의식적 사고는 창의력을 저해하기도 한다. 한 실험에서 자동차에 다는 자전거 거치대 디자인을 설계했다. 한 집단은 기존의 단점을 미리 보고 설계했고, 다른 집단은 그런 정보 없이 설계했다. 단점을 보지 않고 설계한 집단이 창의성이나 독창성에서 더 우수한 점수를 얻었다.

단점에 대한 의식적 사고가 창의력을 가로막은 것이다.

## 무의식과 마케팅

무의식은 우리가 생각하는 것 이상으로 많은 일을 한다. 의식적으로 판단하고 행동한다고 믿는 것들이 상당 부분 무의식의 영향 아래에 있다. 인생에서 중요한 순간에도 무의식은 작동한다. 배우자를 선택할 때에도 그렇다.

미국의 한 주를 대상으로 결혼한 사람의 성을 조사했다. 결과는 같은 성씨의 사람끼리 결혼한 비율이 높은 것으로 나타났다. 흔한 성은 당연히 흔한 성과 결혼할 확률이 높을 것이다. 예를 들면, 우리나라 김씨는 김 씨 배우자가 많을 것이다. 그러나 재미난 사실은 드문 성이더라도 같은 드문 성끼리 결혼을 한 사례가 많았다는 점이다. 무의식은 은연중에 자기 자신에게 후한 점수를 주고, 따라서 자기 자신과 비슷한 사람을 선호하는 경향이 있기 때문이다.

무의식의 막강한 영향력을 잘 이용하는 분야가 있다. 그것은 바로 마케팅이다. 여기에 관련된 많은 실험이 있다. 프랑스 와인과 독일 와인을 진열대에 놓고, 하루는 프랑스 음악을, 하루는 독일 음악을 틀었다.

프랑스 음악을 튼 날은 프랑스 와인이 70% 이상 팔렸고, 독일 음악을 튼 날은 독일 와인이 70% 이상 팔렸다. 그러나 음악의 영향을 받았다고 대답한 구매자는 단지 약 15%였다.

같은 와인에 하나는 저렴한 가격표를, 다른 하나는 비싼 가격 가격표를 붙이고 와인을 평가하게 시키자, 대상자들이 비싼 가격표가 붙은 와인에 더 높은 점수를 주었다는 사실은 놀랍지 않다. 같은 스타킹을 네 가지로 분류해서, 각각 다른 향을 알아채지 못할 만큼 조금 뿌리고 대상자들에게 마음에 드는 스타킹을 선택하게 시켰다. 그러자 특정한 향의 스타킹이 더 많이 선택되었다. 대상자들은 각자 질감, 촉감, 광택 등 여러 가지 선택 이유를 댔지만, 향기에 영향을 받았다고 대답한 사람들은 겨우 2% 정도였다. 유명한 '펩시 역설'도 있다. 브랜드를 숨기고 테스트를 하면, 일반적으로 펩시를 선호하지만, 브랜드를 알고 평가하면 코카콜라를 더 선호한다.

우리나라 예능 프로그램에서 한 유명 식당 프랜차이즈 대표가 '식당에서 음식의 맛이 차지하는 비중은 30%'라고 한 적이 있다. 이것도 같은 맥락에서 이해할 수 있다. 음식의 맛은 미각뿐만 아니라, 후각, 시각, 브랜드, 가격 등에 의해서 창조된다. 영상 검사를 하면 실제의 맛과 상관없이 가격이나 브랜드에 따라 안와전두엽이나 복내측전전두엽이라는 뇌의 특정 부위가 더 활발히 작동하는 모습을 확인할 수 있다. 이들 부위는 쾌락적 경험이나 감정 조절과 관련이 있다. 같은 화학적 조성을 갖는 맛이더라도 뇌에서는 전혀 다른 맛으로 느끼고 있는 셈이다.

심지어 메뉴판의 글씨체와 음식을 설명하는 단어도 맛의 평가에 영향을 줄 수 있다. 고급 음식점에서 플레이팅에 신경 쓰는 것도 같은 이유다. 물론 이러한 맛의 창조과정에서 무의식은 지대한 영향을 준다.

남성은 여성의 배란기를 무의식적으로 안다는 연구 결과도 있다. 스트립클럽의 댄서를 대상으로 한 실험에서, 그들은 생리 중일 때보다 배란기일 때 두 배로 많은 팁을 받았다. 플로리다 대학의 사울 밀러 교수의 실험도 있다. 그는 세 종류의 티셔츠를 준비했다. 배란기 중인 여성이 입은 티셔츠, 생리 중인 여성이 입은 티셔츠, 아무도 입지 않은 티셔츠이다. 그리고 남자 대학생에게 각 티셔츠의 냄새를 맡게 하고, 남성 호르몬인 테스토스테론의 수치를 측정했다. 실험참가자들은 각 티셔츠가 어떤 티셔츠인지 몰랐지만, 배란기 여성이 입은 티셔츠는 테스토스테론 수치를 36% 상승시켰다. 반면에 생리 중인 여성이 입은 티셔츠는 아무도 입지 않은 티셔츠보다 테스토스테론 수치가 낮았다.

생리 기간에 임신은 불가능하지만, 배란기 때는 임신 가능성이 가장 크다. 자신의 DNA를 후손에게 남기려는 것은 모든 생명체의 궁극적 목표이다. 배란기 때 여성의 신체는 호르몬의 변화로 달라진다. 피부는 더 부드러워지고 허리는 더 가늘어지고, 얼굴은 더 대칭적으로 된다. 체취도 달라진다. 남성들은 이것을 의식적으로는 모르지만, 잠재 의식적으로 감지하는 것이다.

기부금 후원 광고도 무의식에 기댄다. 인터넷을 이용하다 보면 기부금 후원 광고를 쉽게 접할 수 있다. 아래 두 장의 사진을 비교해 보자. 어느 것이 기부자의 마음을 더 움직일까?

2017년 사망한 어린이 약 600만 명 중 50%인
약 300만 명이 영양실조의 영향으로 사망

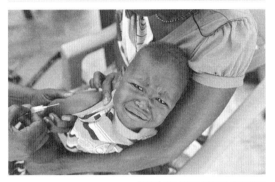

[출처] 유니세프 코리아 홈페이지

　대부분의 기부금 후원 광고는 전체적인 상황이나 전반적인 활동 내용을 보여주기보다는 한 인간의 사례를 적나라하게 보여준다. 이런 후원 광고는 한 사람의 치부를 모두 드러내기 때문에 '빈곤 포르노'라고 불리며 논란이 되고 있다. 심지어 가상의 인물과 가상의 스토리를 진짜인 것처럼 내세워 기부자를 기만하는 윤리적 문제를 일으키기도 한다. 그런데도 이런 방식의 광고가 성행하는 이유는 무엇일까?

　그것은 더 많은 기부금을 모을 수 있기 때문이다. 우리는 큰 수의 실체를 정확하게 인지하지 못한다. 위의 사진에서 '300만 명'이라는 숫자를 보고 '와, 정말 많은 아이가 고생하고 있구나'라고 걱정하기보다는 그냥 무덤덤하게 읽는 경우가 많을 것이다. 이보다는 단 한 명의 아기 사진이 독자의 심금을 울린다.

인간은 본능적으로 큰 수보다는 적은 수에 관심을 두기 때문에 이러한 현상이 생긴다. 마을 아이들 모두에 관심을 가지는 것보다 내 아이에게만 집중해야 내 아이의 생존확률을 높일 수 있다. 부모는 온전히 내 자식에게만 막대한 양의 시간과 정성을 쏟아부었고, 그 결과로 지금 나와 당신이 이 세상에 존재하고 있다. 빈번히 발생하는 자동차 사고 사망자 수가 더 많음에도 불구하고 드물게 일어나는 비행기 사고 사망자 수에 더 민감한 이유도 이러하다.

당신은 마트에서 물건을 고르고 있다. 미리 생각해둔 것을 고르기도 하고, 우연히 본 제품을 장바구니에 담기도 한다. 어떤 것은 사려고 했지만, 다음에 사기로 한다. 이 과정 동안 당신은 많은 부분에서 무의식의 영향을 받았다. 진열장에서 물건의 위치, 주변에서 들리는 음악이나 냄새, 따뜻한 혹은 추운 실내 온도, 물건의 포장 색깔, 브랜드나 가격, 점원의 시선 방향이나 목소리 톤, 심지어 그의 이름까지도 포함된다. 당신은 그런 것들에 크게 영향을 받지 않았다고 주장할지도 모르지만, 상상하는 것 이상으로 무의식의 그림자는 거대하다. 하물며 하루 동안 일어나는 무수히 많은 결정과 행동은 어떻겠는가?

우리의 생각과 행동을 몰래 조종하는 것, 그것이 바로 무의식이다.

# 자유의지?

타인에게 무언가를 설득시킬 때, 직선적으로 강요하는 것보다는 무의식을 통해 살짝 건드리는 방법이 더 효과적이다. '배를 만들고 싶다면, 사람들에게 목재를 가져오게 하거나 일을 지시하고 일감을 나눠주는 일은 하지 마라. 대신 그들에게 저 넓고 끝없는 바다에 대한 동경심을 키워주라.'라는 생텍쥐페리의 명언은 이를 잘 보여준다.

상대방과의 상호작용에서도 무의식은 작동한다. 한 연구에 따르면, 나보다 사회적으로 아래에 있는 사람과 대화할 때는 말할 때 상대방을 더 많이 응시하고, 나보다 위에 있는 사람과 대화할 때는 들을 때 상대방을 더 많이 응시한다고 한다. 우리는 화가 나면 상대방을 노려보고, 창피하거나 당황스러우면 시선을 회피한다. 시선 방향은 사회적 의사소통에서 중요한 역할을 하기에 상황에 따라 시선 방향이 달라진다는 사실은 놀라워 보이지 않는다. 실제로 편도체의 일부 신경세포는 상대방 시선의 방향에 따라 다르게 반응한다. 가령, 상대방이 똑바로 응시할 때, 정면을 약간 빗겨 응시할 때, 전혀 다른 곳을 보고 있을 때 반응하는 신경 세포들은 각각 다르다.

타인에 대한 평가에서도 무의식은 작동한다. 가족 간의 관계를 평가하는 실험에서 실험대상자가 따뜻한 음료가 담긴 컵을 들고 있으면 가족과의 관계를 더 긍정적으로 평가하고, 차가운 음료가 담긴 컵을 들

경이로운 뇌

고 있다면 더 비관적으로 평가했다. 이것은 물리적 온도와 감정적 온도를 같이 취급하는 뇌의 착각에서 기인한다.

한참을 고민하던 문제의 해결책이 어느 날 갑자기 떠올랐다면, 우리는 의식적 노력의 쾌거라고 생각한다. 그러나 이 역시 무의식의 역할이 크다. 오랜 시간을 두고 고민을 하면 무의식은 여러 시나리오를 만들어 실험하고 결정을 내린다. 애플의 창업자 스티브 잡스는 이런 무의식의 힘을 잘 알고 있었다. 명연설로 꼽히는 스탠퍼드대학교 졸업 축사에서 그는 다음과 같이 말했다.

"가장 중요한 것은 마음과 직관을 따르는 용기를 지니는 것입니다. 마음과 직관은 당신이 진실로 원하는 것을 이미 알고 있습니다."

이는 인위적 사고보다는 무의식이 보내는 메시지의 중요성을 강조한다. 의식과 무의식중에서 무의식이 더 근본적이다. 생존을 위해 인간에게 무의식은 의식보다 일찍 갖춰졌고 이를 따라 행동하는 것은 어찌 보면 당연할 수 있다.

다시 거절 못 하는 성격을 바꾸려는 친구 이야기를 해보자. 성격으로 형성되어 단단한 하드웨어가 된 무의식은 쉽게 바뀌지 않는다. 더구나 이런 하드웨어적 신경회로를 의식적 수준에서는 접근할 수 없기에 이것을 바꾸는 것은 더 어렵다. 무의식적 행동은 의식적 행동에 앞선다. 같은 상황에서 같은 실수를 되풀이하는 것도 이러한 이유에서다. 의식이 '멈춰! 다르게 행동하기로 했잖아!'라고 소리를 지르지만, 이미 무의식이 시킨 행동을 시작한 후다. 무의식적 신경 과정을 담당하는 신경 경로는 의식적 신경 과정을 담당하는 신경 경로보다 더 빠르고 신속하다.

그래도 희망은 있다. 무의식적 신경회로를 바꾸는 것이 전혀 불가능한 일은 아니다. 그러나 많은 반복과 노력이 필요하다. 때로는 뇌에 강하게 각인될 수 있는 충격요법이 필요하다. 그러나 그 과정이 쉽지 않기에, 과거의 자신을 극복하고 새로운 이야기를 만든 사람들이 존경스러워 보이기도 하다.


무의식의 문제는 우리에게 자유의지에 대한 철학적, 윤리적 질문을 하나 던진다. 지금까지 무지와 그른 판단과 생각으로 행동해서 잘못을 저질렀다고 알아왔다. 그래서 제대로 교육하고, 좋은 일을 장려하고, 잘못한 것을 적절하게 처벌한다면, 인간 행동을 교정할 수 있다고 믿어왔다. 하지만 최근의 많은 연구가 인간의 행동은 자유의지가 아니라 무의식적 판단에 더 큰 영향을 받는다고 말하고 있다.

그러면 인간의 자유의지를 어떻게 볼 것인가? 잘못을 저질렀다면 그의 판단이나 의식적 생각의 문제인가? 반복적인 잘못을 저지르는 사람은 의지박약의 문제인가? 잘못에 대한 대가는 물리적 처벌만으로 해결되는가? 잘못된 행동을 예방하기 위해서 우리 사회가 할 수 있는 것들이 있을까?

이는 답이 쉽게 보이지 않는 정말 까다로운 문제가 아닐 수 없다. 우리 사회가 '다 같이' 고민해 볼 필요가 있다.

# chapter 3

---

## 인류 문명을 이룰 수 있었던 비밀: 신경가소성

인간이 적응할 수 없는 환경이란 없다. - 톨스토이

# 신경가소성, 그 위대함

 다른 지역으로 이사를 갔다고 상상해보자. 처음에는 낯선 환경에 적응하기가 힘들지만, 시간이 지나면 편안하게 동네를 활보한다. 조금 더 지역을 넓혀보자. 인간은 적도의 열대우림과 건조한 사막, 북극, 외딴 섬, 고산지대에 이르기까지 날씨나 기후에 상관없이 다양한 지역에서 살아가고 있다. 많은 척추동물 중에서 이런 일은 인간에게만 가능하다. 어떻게 인간은 이렇게 뛰어난 환경 적응력을 가지게 되었을까?

 그것의 비밀은 바로 뇌에 있다. 인간의 뇌는 환경이 바뀌면 작동하는 방식에 변화가 생기고, 이내 새로운 환경에 익숙해진다. 주변 환경에서 오는 자극에 따라 뇌세포인 뉴런들의 신호전달 패턴에 변화가 생기게 되면서 이전과는 다르게 생각하고 반응하고 행동하기 시작한다. 이것이 가능한 이유는 신경가소성 덕분이다. 신경가소성으로 인해 인간은 환경에 적응하고, 이를 이용하게 되면서 지금의 놀라운 현대 문명을 이루게 되었다. 이것은 인간의 능력을 이해하기 위해 꽤 중요한 주제라고 할 수 있다.

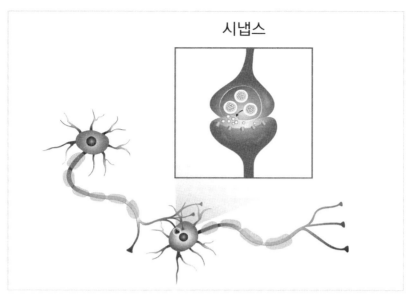

시냅스

뉴런과 시냅스

인간의 뇌는 약 1,000억 개의 뉴런과 그 이상의 지지 세포들로 이루어져 있다. 각 뉴런은 이웃한 뉴런으로 신호를 보낸다. 신호를 전달하기 위해 이웃한 뉴런과 밀접하게 연결돼야 한다. 이 연결 부위를 시냅스라고 하는데, 그 간격이 20만 분의 1mm로 매우 좁다. 각각의 뉴런은 주변 뉴런과 대략 1,000개의 시냅스를 이루므로 뇌에는 약 100조 개의 시냅스가 있다. 실로 무지막지한 숫자다. 그런데 시냅스는 그 연결 강도가 모두 같지 않다. 여기에 신경가소성의 비밀이 있다. 많이 이용하면 시냅스는 더 강화되고 뉴런과 뉴런의 신호전달이 더 긴밀해진다. 반대로 적게 이용하면 시냅스의 강도는 감소하고 뉴런 사이의 신호전달도 약해진다. 이를 신경가소성이라고 한다. 바벨 운동을 많이 하면 팔뚝이 굵어지지만, 팔을 쓰지 않으면 팔뚝이 가늘어지는 것과 비숫하다. 즉 어떤 일을 하면 할수록 그 일을 잘하도록 만든다. 수영을 배울 때 좋은 자세를 만들기 위해 팔 돌리기 연습을 많이 하는 거나, 열심히 바이올린 연습을 하는 것도 신경가소성을 이용해 실력을 향상할 수 있기 때문이다.

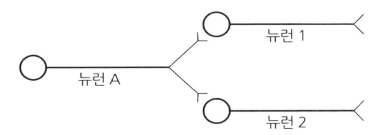

초기에 뉴런A는 뉴런1과 뉴런2와 비슷한 강도로 연결되어 있다. 뉴런1은 엄지손가락을 구부리는 근육에 신호를 전달하고, 뉴런2는 엄지손가락을 펴는 근육에 신호를 전달한다.

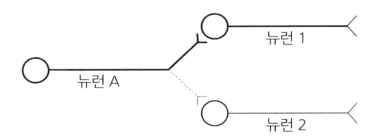

엄지손가락을 구부리는 동작만 하고 펴는 동작을 하지 않는다면, 뉴런A와 뉴런1의 연결은 강해지고 뉴런A와 뉴런2의 연결은 약해지면서 뉴런2의 기능은 저하된다.

뉴런A가 뉴런1과 뉴런2와 각각 시냅스를 이루고 있다고 상상해보자. 엄지손가락을 구부리라는 신호는 뉴런A를 통해 뉴런1로 전달되고, 엄지손가락을 펴라는 신호는 뉴런A를 통해 뉴런2로 전달된다. 만약 엄지

경이로운 뇌

손가락을 구부리는 동작만 하고 펴는 동작을 하지 않는다면, 뉴런A와 뉴런1의 시냅스는 강화되는 반면 뉴런A와 뉴런2의 시냅스는 약화된다. 이처럼 신경가소성은 사용 빈도나 강도에 따라 시냅스가 더 강해지기도 하고, 더 약해지기도 하는 현상을 말한다.

시냅스가 변화하는 것이 아닌 뉴런 자체가 새로 태어나기도 한다. 이를 뇌의 특정 부위에서 잘 볼 수 있다. 가장 대표적인 부위가 해마이다. 해마는 뇌에서 기억을 담당하는 부위다. 페니실린 발견처럼 위대한 발견이 우연히 일어나듯, 이러한 발견도 예상치 못하게 일어났다. 암세포가 증식하는 것을 추적하기 위해 암 환자들에게 염료를 주입하기도 하는데, 해마에 이러한 염료 표시가 집중적으로 나타나는 것을 발견했다. 우리는 매일매일을 거치면서 새로운 기억을 무수히 만들어낸다. 새로 생겨난 경험들을 저장하기 위해 해마에서 새로운 뇌세포가 생겨나는 건, 어찌 보면 필연적인 진화의 산물일지도 모른다.

신경가소성 덕분에 인간의 뇌는 환경에 따라 다르게 변할 수 있다. 자극의 유무나 빈도에 따라서 시냅스의 강도가 변하고 뇌의 신호전달 패턴에 변화가 생겨 이전과는 다른 생각과 행동을 보이게 된다. 뇌는 주변 환경에 맞춰 바뀌기 시작했고, 결국 생태계 최고의 위치를 차지하게 되었다.

# 변화하는 뇌

1960년대부터 신경가소성에 관한 연구가 있었다. 이후 동물 실험을 통해 더 많은 것이 밝혀졌지만, 1990년대 중반까지는 이러한 개념이 보편적으로 받아들여지지 않았다. 받아들이기에는 너무 충격적이었기 때문이다. 그때까지만 하더라도 아동기의 뇌에서 뇌세포는 성장을 멈추고 그 구조가 평생에 걸쳐 유지된다고 생각했다.

이러한 분위기 속에서 프레드 게이지 박사와 동료들은 신경세포를 염색하고 그 숫자를 산출할 수 있는 기법을 이용하여 1997년에 연구 결과를 발표했다. 그들은 텅 빈 우리에서 갇혀 지낸 쥐에 비해 쳇바퀴, 장난감, 상호 교류 등이 풍부한 환경에서 자란 쥐의 해마 세포가 많이 증가했음을 밝혀냈다. 이후 게이지와 연구진이 성인의 뇌에서도 신경세포가 생성된다는 기념비적인 사실을 발표했다. 연구진은 말기 암으로 사망한 성인의 뇌에서 새로 생성된 신경세포의 숫자를 세어 이러한 사실을 입증했다. 이러한 연구 결과들로 인해 신경가소성에 대한 인식이 바뀌었고, 지금은 뇌과학의 핵심 주제로 자리 잡고 있다. 1986년에 리타 레비몬탈치니는 축삭과 수상 돌기의 성장을 도와 신경 성장에 관여하는 단백질인 NGF(신경세포 성장 인자)를 발견한 공로로, 2000년에는 에릭 캔델이 기억이 생성되는 메커니즘에 관한 신경가소성 연구로 노벨 생리의학상을 받았다.

신경가소성에 대한 선구적 연구자인 캐나다의 심리학자 도널드 헵은

1940년대 후반 어느 날 실험실의 쥐를 집으로 데려갔다. 자녀에게 애완동물로 잠시 선물할 생각이었다. 이후 장난감과 풍족한 자극이 있는 환경에서 자란 쥐가 자극이 없는 단순한 환경에서 자란 쥐보다 뛰어난 학습 능력을 보인다는 사실을 우연히 발견했다. 이러한 결과에 놀란 다른 과학자들은 이와 비슷하면서 더욱 정교한 실험들을 수행했고, 감각적 또는 사회적 자극을 많이 받은 쥐들은 텅 빈 우리에서 홀로 자란 쥐들보다 시냅스 구조가 더욱 견고하게 변했고, 수상 돌기도 더 많아졌으며, 뇌의 무게도 증가한다는 사실을 밝혀냈다. 더욱 충격적인 사실은 이러한 변화가 단지 며칠 만에 일어났다는 점이다.

다른 연구도 많다. 숙련된 바이올린 연주자들의 왼손은 오른손보다 더욱 활동적이고 격렬하게 움직인다. 그들의 뇌에서 왼손을 담당하는 뇌 영역이 오른손보다 커져 있었다. 반면에 피아니스트는 양손의 뇌 영역이 일반인보다 모두 커져 있었다. 피아니스트는 양손을 비슷한 정도로 사용하기 때문이다. 시각 장애인은 검지의 촉각을 이용해서 점자책을 읽는다. 이들의 뇌에서 검지의 촉각을 담당하는 영역이 일반인보다 더 컸다. 청각장애인의 경우, 청각 담당 뇌 부위는 별로 쓰이지 않았기 때문에 시각 기능으로 재할당 된 것을 볼 수 있었다. 라마찬드란은 〈두뇌실험실〉이라는 책에서 신경가소성의 명확한 사례를 보여준다. 팔다리 절단 환자의 뇌에서 절단된 신체 부위를 담당하는 뇌 영역이 48시간 혹은 그 이전에 매우 빠르게 재구성되었다.

새로운 정보를 계속해서 배우고 암기하면 기억을 담당하는 해마가 더 커진다. 이도 신경가소성 덕분이다. 런던 택시 기사 시험은 영국에서 가장 어려운 암기 시험 중 하나로 알려져 있다. 영국의 수도 런던 중심가만 하더라도 시내를 관통하는 경로 320개, 약 2만5천 개의 거리와 수백 곳의 명소가 있다. 기사 면허를 취득하기 위해서는 이 모든 것을 온갖 조합으로 외워야 한다. 맥과이어와 연구팀은 면허 취득을 신청한 79명의 뇌를 MRI 스캔하여 해마 크기를 측정했다. 79명 중 39명만이 시험을 통과했고, 이들의 뇌를 다시 스캔하니 교육 과정 전보다 해마가 커진 것을 볼 수 있었다. 또한, 대조군이나 시험에 떨어진 지원자들보다 해마가 컸다. 시험에 탈락한 지원자들의 해마 크기는 교육 전과 후에 별다른 차이가 없었다.

경험하는 시기는 신경가소성에 영향을 준다. 12세 이전에 현악기를 배운 사람이 12세 이후에 배운 사람들보다 왼손 손가락을 담당하는 뇌 영역이 더 큰 것으로 나왔다. 어릴수록 신경가소성이 더욱 잘 일어나기 때문이다.

## 더 이상 알람 소리가 들리지 않아!

신경가소성은 인류가 새로운 환경에 적응하도록 도왔다. 알래스카로 가던, 열대밀림으로 가던 그곳의 환경에 맞춰 살아가는 것이 가능하게 되었다. 하지만 이것이 전부가 아니다. 우리는 이로 인해 새로운 기억이 생기기도 하고, 망각하기도 한다. 또한, 성격이나 취향이 변하기도 한다. 심지어 정치적 성향도 바뀔 수 있다. 신경가소성이 어떤 식으로 작동하느냐에 따라 운동 실력이 향상되거나 건강이 좋아지기도 하며, 성격이 좋게 변하기도 한다. 그 반대도 가능하다. 신경가소성은 통증과도 연관이 많다. 예를 들면 신경가소성으로 인해 뇌에서 신체 지도가 재배열되고, 이 과정에서 촉각 경로가 통증 영역으로 연결된다면, 부드럽게 쓰다듬는 것만으로도 엄청난 통증을 느낄 수 있게 된다. 그렇다면 운동 실력을 키우기 위해서, 혹은 더 건강해지기 위해서, 혹은 무언가를 더 잘하기 위해서 뇌를 효율적으로 이용하는 방법이 있을까?

한 가지 분명한 방법이 있다. 반복적으로 하는 것이다. 한 번에 많이 하는 것보다는 같은 양을 나눠서 하는 것이 뇌를 더욱 잘 변화시킨다. 노벨상을 받은 에릭 캔델의 동물 연구에서 연속해서 40회 자극을 가하면 신경가소성이 단지 하루 동안만 지속되었지만, 하루에 10회씩 자극을 가하면 몇 주 동안 지속되었다. 즉 단시간의 집중적인 자극보다는 같은 양을 나눠서 꾸준히 하는 것이 신경가소성을 유지하는데 훨씬 효과적이다. 수영의 팔 돌리기 연습을 하루에 몰아서 하는 것보다는 그 양을 나눠서 매일 하는 것이 좋은 수영 자세를 더 오래 유지할 수 있는 방법이다. 즐기는 것이 목적이라면 지칠 때까지 해야겠지만, 실력 향상을 목표로 둔다면 전략을 바꿔야 한다.

신경가소성은 생각보다 빨리 일어난다. 몇 달 또는 며칠이 걸리기도 하지만, 몇 초 만에 일어나기도 한다. 우리는 매일 이러한 현상을 경험한다. 다른 곳으로 돈을 이체해야 한다고 생각해보자. 계좌이체를 하기 위해서 계좌번호를 잠시 외워야 한다. 이때 신경가소성이 일어난다. 계좌번호를 외우는 동안 뉴런 간의 정보 전달 패턴이 변한다. 랄프 시겔은 10개 또는 100개 단위의 신경세포들이 신호를 주고받으면서 동기화되는 모습을 실시간으로 보여주는 영상기법을 발명했다. 이 기법을 통해 원숭이가 다른 감각 정보를 학습하거나 적응했을 때 단 몇 초 만에 신경세포 연결망이 바뀐다는 사실을 발견했다. 만약 같은 계좌로 매일 이체를 한다면 어느 순간 번호를 외우게 되고 더 이상 계좌번호를 확인할 필요가 없게 된다. 이 순간 뇌 속 뉴런의 축삭 말단과 수상 돌기는 더 많아지고 시냅스가 강화되면서 결국 시냅스 구조가 물리적으로 변화한다. 이것이 '기억'이다. 이러한 물리적 변화가 지속된다면 몇 달, 몇 년이 지나도 그 계좌번호를 잊지 않게 된다.

더 이상 늦잠을 자지 않겠다고 다짐하며 알람을 맞춘다. 처음 며칠 동안은 알람 소리를 듣고 잠에서 깨지만, 이내 알람 소리에 익숙해지면 더 이상 들리지 않게 된다. 이것도 신경가소성 때문이다. 신경가소성으로 인해 뇌 신경의 회로는 강화되기도 하고, 약화되기도 한다. 강화되는 것을 민감화라 하고, 약화되는 것을 습관화라 한다. 생존에 있어서 민감화나 습관화는 모두 중요하다.

초기 인류는 야생에서 살아남기 위해서 외부 신호에 집중해야 했다.

아프리카 초원에 홀로 떨어져 있다고 상상해보자. 저 멀리에서 낯선 동물 울음소리가 들린다. 처음에는 동공이 확장하고 심장박동이 빨라지지만, 그 소리가 여러 번 반복되는 동안 별다른 일이 일어나지 않는다면 이내 그 소리를 무시하게 되고 더 이상 특별한 반응을 보이지 않는다. 이것이 습관화이다. 습관화는 불필요한 반응을 억제하는 장점이 있다.

그런데 어느 날 낯선 소리가 들린 직후에 사자가 이쪽으로 오고 있는 것을 봤다면? 정신은 혼미해지겠지만 뇌는 그 소리를 각인하게 된다. 그리고 나중에 같은 소리를 다시 듣게 되면 온몸의 털이 곤두서고 심장이 요동칠 것이다. 그리고 바로 도망갈 자세를 취한다. 이것이 민감화이다. 민감화는 중요한 자극에 재빨리 반응하게 해 준다. 중요하지 않은 자극을 무시하는 것은 습관화를 통해 이루어지고, 중요한 자극에 더 신경을 집중하는 것은 민감화를 통해 이루어진다.

민감화나 습관화는 장점만 있는 것은 아니다. 습관화가 생겨야 할 곳에 민감화가 생기면, 평범한 자극이나 소리에도 지나치게 놀라거나 공포에 떨게 된다. 단적인 예가 외상 후 스트레스 장애이다. 지진으로 공포에 떨었거나 폭력을 당한 끔찍한 경험이 있으면, 이후에 작은 움직임이나 소리에도 지나친 공포감을 느낄 수 있다.

우리의 일상생활에서도 흔히 볼 수 있다. 가정, 학교, 회사에서 지나친 비난이나 처벌을 받았던 경험이 있다면 이후에는 누가 건네는 가벼운 농담에도 과도하게 움츠러들거나 격하게 반응을 보인다. 이런 일이 계속 반복된다면 민감화는 더 심각해진다. 반면에 민감화가 일어나야 하는 곳에 습관화가 일어난다면 집중하기가 쉽지 않게 된다. 아침에 더 이상 알람 소리가 들리지 않게 된다. 이제 알람 소리를 바꿔야 할 때이다.

## 경험이 나를 만든다

신경가소성은 몇 분 혹은 며칠 동안만 지속될 수도 있고, 몇 년이고 계속 유지될 수도 있다. 몇 분 동안 지속되는 단기 민감화에서는 뉴런 사이의 신호를 전달해주는 신경전달물질이 다량 방출되며, 단기 습관화에서는 소량만 방출된다. 이러한 민감화나 습관화가 장기적으로 지속된다면 시냅스의 구조가 바뀌게 된다. 뉴런과 뉴런 사이의 연결 개수에 달라진다. 에릭 캔델의 동물 실험을 보면, 시냅스전 말단의 개수가 1,300개인 감각 뉴런이 장기 민감화에서는 2,700개로 증가하였고, 시간이 지나 민감화가 사라지면 1,500개로 줄어들었다. 원래보다 약간 많은 상태가 되는 데, 이는 이미 배웠던 것을 두 번째 배우면 더 빨리 배우게 되는 이유이기도 하다. 장기습관화에서는 시냅스전 말단의 개수는 850개로 줄어들었다. 단기 민감화(또는 습관화)는 기능의 변화가 생기는 반면에 장기 민감화(또는 습관화)에서는 해부학적 변화가 일어난다.

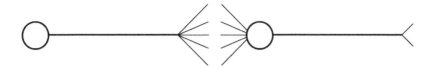

시냅스의 초기 상태이다.

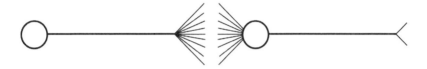

민감화가 일어난 이후 시냅스 결합은 증가한다.

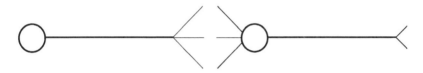

습관화가 일어난 이후 시냅스 결합은 감소한다.

   나를 포함한 많은 사람이 기억력이 예전 같지 않다고 불평하곤 한다. 둔해진 머리 탓을 하면서 말이다. 슬프게도 맞는 말이다. 먼저 말해두지만, 신경가소성이 발생하는 기전은 아직은 정확하게 밝혀지지 않았을뿐더러 많은 요인이 관여하고 있다. 따라서 하나만 잘 해결한다고 눈이 번쩍 뜨일 정도로 좋아지지는 않는다. 그러나 조금이라도 뇌를 건강하게 유지하고자 한다면, 당장 손쉽게 할 수 있는 일이 있다. 바로 오메가3 섭취다.

인간 뇌의 60%는 지방으로 구성된다. 오메가3의 DHA는 뇌 세포막을 유동성 있고 유연하게 만들기 때문에 신경가소성이 원활하게 일어나도록 한다. 반면에 포화지방산은 세포막을 경직되게 만들어 신경가소성을 저해한다. 오메가3는 고등어, 꽁치, 삼치, 연어, 아마씨 등에 풍부하다. 이런 음식을 일주일에 1~2회 섭취하고, 영양보조제를 성인의 경우 1일 1000~2000mg, 어린이의 경우 500~1000mg 복용하면 건강한 뇌를 유지하는 데 도움이 된다.

보상시스템을 이용해도 신경가소성을 더욱 잘 일으킬 수 있다. 보상이란 내가 무언가를 경험했을 때 느끼는 긍정적 느낌이나 감정을 총칭해서 말한다. 이것은 성취감, 자신감이나 기쁨이 될 수도 있고, 금전적 보상 같은 물질적인 것이 될 수도 있다. 보상시스템은 매우 중요하다. 뇌에서 긍정적 느낌을 받으면 그러한 행동을 하도록 계속해서 종용하기 때문이다. 따라서 원하는 방향으로 신경회로를 재배선하려면 보상시스템을 같이 가동해야 한다. 아이를 바람직한 방향으로 인도하기 위해 이런 보상시스템을 이용하는 것도 좋다. 좋은 행동이나 결과를 얻었을 때, 그때의 좋은 느낌을 다시 한 번 상기시켜주거나 성취감을 충분히 만끽하게 해주는 것이다. 보상이 반드시 물질적 보상일 필요는 없다.

다른 사람과 나누는 대화나 느낌, 생각, 행동 등의 자극이 뉴런 활동 패턴에 변화를 일으키고 우리의 뇌를 미세하게 변화시킨다. 이러한 미세한 변화는 결국 지금의 '나'를 만든다. 우리는 저마다 다른 환경에서 다른 경험을 하므로, 우리의 뇌는 모두 다르다. 일란성 쌍둥이의 뇌도 각자 다른 경험을 하므로 다르다. 이렇게 창조된 뇌는 '나'라는 사람의 생물학적 토대가 된다. 뇌는 고정되어 있지 않다. '되고 싶은 나'를 '창조'하기 위해서는 어떤 경험을 해왔고 또 지금 어떤 경험을 하고 있느냐가 중요하다.

당신이 지금 하는 하나하나의 사소한 경험이 당신의 두뇌를 바꾸고 있다는 사실은 많은 점을 시사한다. 특정 경험이나 자극은 건강한 생각과 행동을 유도하지만, 다른 경험이나 자극은 원하지 않는 생각과 행동을 시킨다. 당신이 하는 경험 하나하나가 당신의 사고, 습관, 행동 방향을 설정하고 결국 당신의 미래를 만든다.

# chapter 4

## 뇌는 어떻게 생겼고, 어떻게 작동할까?

뇌가 어떻게 작용하는지 알리는 것이 매우 흥미롭고 가치 있는
일이라고 생각합니다.                                    - 올리버 색스


# 기적과 같은 시각계


　뇌는 두 손으로 받칠 수 있는 정도의 크기로 두부처럼 말랑말랑하
며, 무게는 약 1.4kg이다. 이 놀라운 물질에서 우리의 생각, 느낌, 꿈
이 생겨난다. 이곳에는 1,000억 개의 신경세포가 존재한다. 각각의 신
경세포는 적게는 수백 개에서 많게는 수만 개의 주변 신경세포와 연결
되어 신호를 주고받는다.

　이뿐만이 아니다. 뇌에는 신경세포보다 더 많은 수의 보조 세포들이
있다. 이들 보조 세포들은 '신경교세포'라 불리며 신경세포들의 대사과
정을 돕거나 구조 유지, 면역작용 기능을 한다. 뇌는 신체 무게의 약
2%를 차지하지만, 전체 산소 소비량의 20%, 전체 칼로리의 25%, 전
체 혈류량의 25%를 이용한다. 가시적으로 움직이는 팔다리에서 소비
되는 것 이상의 에너지가 뇌에서 사용된다는 사실은 무언가 엄청난 일
들이 뇌 속에서 일어나고 있음을 보여준다. 당신은 무지막지한 숫자들
로 채워진 뇌의 역동성을 상상할 수 있겠는가?


경이로운 뇌

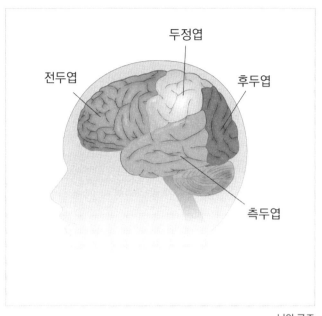

두정엽

전두엽

후두엽

측두엽

뇌의 구조

대뇌의 가장 앞부분에 있는 전두엽은 다시 앞부분과 뒷부분으로 나누어진다. 전두엽의 뒷부분은 신체 움직임을 담당해서 생각대로 몸을 움직이게 한다. 나의 의지대로 조절하기에 이를 의식적 움직임이라 한다. 손가락을 움직여서 컴퓨터 자판을 두드리는 것, 발로 공을 차는 것, 어쩔 수 없이 도로 위의 차선을 끼어들었을 때 창문을 내리고 미안하다는 동작을 하는 것 등 우리 일상생활 속의 모든 의도된 동작들이 전두엽의 뒷부분을 통해 내려온다.

전두엽의 앞부분은 인간만의 뛰어난 특징을 보여주는 중요한 부분이다. 전두엽의 앞에 위치하기 때문에 전전두엽이라 하며, 가장 고차원적인 기능을 한다. 뇌의 나머지 부분을 조율하기 때문에 뇌의 CEO라고 불리기도 한다. 이곳이 있어서 우리는 원하는 목표를 세우고 거기에 맞춰 계획과 순서를 정해 실행에 옮기고 목표 이외의 다른 계획을 당분간 접어둘 수 있다. 이러한 과정을 예측하지만, 예상치 못한 상황을 맞게 되면 계획을 수정하고, 만약 실패한다면 거기서 교훈을 얻어 다음 시도에 적용할 수 있게 해주는 것도 전전두엽 덕분이다. 갈등 상황에서 전전두엽이 제대로 기능하면 문제 해결에 도움이 되는 언행을 하지만, 그렇지 않으면 갈등이 더 악화되는 사태를 초래힌디. 전전두엽의 뇌 신경 연결망이 어떻게 형성되었느냐에 따라 개인의 성격, 성향이 달라진다.

전전두엽의 핵심 기능 중 하나가 '억제'이다. 억제야말로 인간을 인간답게 해주는 중요한 기능이다. 원하는 목적 이외에 다른 욕구와 주변 자극을 억제해야 우리는 계획을 세우고 실행에 옮겨서 원하는 것을 이룰 수 있다. 억제가 안 되면 집중하지 못하고 즉흥적이고 일관적이지 못하며 변덕이 심해진다. 주의력결핍장애가 그러하다. 이들은 주의가 너무 쉽게 흩어진다. 반대의 경우도 전전두엽의 문제이다. 전전두엽은 이쪽에서 저쪽으로 주의의 대상이 바뀔 때 이를 조종하는 운전사이다. 그래서 전전두엽이 손상된 사람들은 과제나 지시사항이 바뀌면 이에 적응하기 힘들어한다.

퇴근 시간대에 운전하다 보면 도로가 막히는 상황을 자주 접하게 된다. 이런 상황에서 옆길로 빠지면 당장은 빨리 달릴 수 있어도 그 길도 곧 막힌다는 것을 알기에, 조급함을 억누르고 기다릴 수 있다. 그 순간

경이로운 뇌

뇌에서는 옆길로 빠지려는 욕구를 제어한다. 그러면 저녁 식사 시간에 맞춰 도착할 수 있다. 하지만 억제를 못 하고 순간적인 충동에 따른다면 결국 저녁 식사 시간에 늦을 것이다.

원초적 욕구도 적절히 억제되어야 한다. 원초적 욕구는 생존을 위해서 가장 중요한 것들이지만, 때와 장소에 따라 억제가 안 된다면, 동물의 왕국과 별반 다르지 않을 것이다. 또한, 전두엽은 타인의 감정을 헤아리는 공감 능력도 다룬다. 전두엽 기능이 떨어지면 상대방이 왜 인상을 찡그리고 있는지 알지 못한다. 이렇듯 전두엽은 자신의 욕망에 대한 적절한 억제와 타인 심정의 공감을 통해 윤리적 체계를 발달시켰고 이에 따라 행동하게 만들었다.


전전두엽의 고차원적 사고 기능을 담당하는 영역 중에는 배외측전전두엽과 안와전두엽이라는 부위가 있다. 배외측전전두엽은 판단, 계획, 집중, 작업기억과 같은 인지 기능을 담당한다. 이곳의 기능 저하는 추진력, 주의력, 동기부여를 떨어뜨린다. 이 부위는 뇌에서 가장 늦게 발달하고 노화로 인해 가장 먼저 영향을 받는다. 기능이 저하되면 방에 들어가긴 했는데 왜 들어갔는지 기억이 나지 않는 경험을 한다.

안와전두엽은 안구의 바로 뒤편에 위치하고 있어서 붙여진 이름이다. 안와전두엽은 변연계와 밀접하게 연결되어 감정을 조절하거나 사회적 뇌라 불리는 부분들과 많은 관련이 있다. 따라서 이곳에 문제가 생기면, 감정 조절이 안 돼 쉽게 흥분하거나 화를 낼 수 있다. 또한, 억제와 관련이 있어서 이곳에 기능 장애가 생기면 주변의 자극을 차단하지 못해 과잉활동을 하며, 불안정하고 예측할 수 없는 행동을 하게 된다.

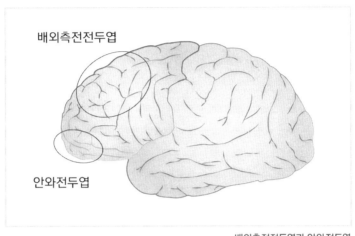

앞서 언급한 피니어스 게이지의 사례가 그러하다. 그의 안와전두엽은 손상되었지만 다른 부분은 멀쩡했다. 그는 인지능력에서 다른 사람과 별다른 차이가 없었지만, 매우 변덕스럽고 괴팍하여 같이 지내기 힘든 사람이 되었다. 어떤 연구자들은 주의력결핍장애를 안와전두엽과 관련이 있다고 말한다.

전전두엽은 시각, 청각, 후각, 미각, 몸통 감각과 같은 모든 정보를 받아 외부 환경을 평가하며, 신체나 감정적 상태를 모니터한다. 이를 통해 우리는 주변 환경을 지속적으로 인식하고, 거기에 맞춰 원하는 행동을 의도된 움직임으로 표현할 수 있다. 예를 들면 저 멀리서 나를 부

경이로운 뇌

르는 친구를 발견하고 기쁜 마음으로 친구를 향해 손을 흔들 수 있다.

전두엽은 신경계의 진화 단계에서 가장 나중에 발달한 뇌이다. 그래서 인간만이 유일하게 큰 전두엽을 가지고 있다. 인간의 성장 과정에서도 전두엽의 발달은 더디다. 뇌의 다른 부위와는 달리 전두엽은 20대 초반이 되어도 완전히 발달하지 않는다. 젊은 청년들의 때론 무모해 보이는 불꽃 같은 패기와 열정도 완전히 다듬어지지 않은 뇌와 관련이 있다. 뇌는 나이가 듦에 따라 더 성숙해지면 적절한 억제와 통제를 통해 상황을 더욱 효율적이고 능숙하게 처리하게 된다. 그러나 패기 가득한 모험심과 도전 정신 또한 예전 같지 않아지게 된다.

대뇌의 가장 뒷부분에 있는 후두엽은 시각 정보의 처리를 담당한다. 다른 뇌 부위는 복합적 기능을 하지만, 유독 후두엽 만은 시각 정보 처리만 담당한다. 그만큼 시각 시스템은 복잡하고 경이롭다. 우리의 눈에는 시신경이 있다. 시신경은 빛의 파장을 전기에너지로 변환하여 뇌로 정보를 전달한다. 이러한 정보가 후두엽에 도착하면 지금 보고 있는 물체의 형태가 어떤지, 어느 방향으로 움직이는지를 파악하고, 이러한 정보를 뇌의 다른 부위로 전달한다. 어느 신경과학자는 인간의 시각 신경계는 기적과 같다고 말한다. 감각기관 중에서 인간의 시각 신경계만큼 정확하면서도 상황에 따라서는 융통성 있게 대처하는 것이 없기 때문이다. 여기에 시각의 놀라운 능력을 보여주는 그림이 있다.

Edward H. Adelson의 체커

　첫 번째 그림의 A와 B가 같은 색이라고 생각할 수 있을까? 여기서 A
와 B는 같은 색이지만 다르게 보인다. 두 번째 그림처럼 겹쳐보면 같은
색임을 확인할 수 있다. 이는 주변이 어두우면 더 밝게 보이고(B), 주변
이 밝으면 더 어둡게 보이도록(A) 하는 뇌의 작용에 의해서다.

　　　　　　　　　　　　　　　　　　　　　　　　　　경이로운 뇌

다음 그림도 배경에 따라 외부 세계를 다르게 인식하는 뇌의 특징을 보여준다.

왼쪽 사진에서 두 사람은 비슷한 크기로 보인다. 오른쪽 사진에서 뒤에 있는 남성 사진을 떼어서 옆에 붙이면, 거인과 난쟁이처럼 보인다. 왼쪽 사진은 복도와 타일의 크기가 남성과 비례해서 작아지므로 뇌는 두 사람을 같은 크기로 인식하고, 오른쪽 사진은 복도나 타일 크기가 작은 남성의 크기와 비례하지 않기 때문에 작은 남성을 난쟁이처럼 인식한다.

이처럼 주변 환경에 따라 다르게 인식하는 뇌의 능력은 놀랍다. 그리고 일상생활에서 반드시 필요하다. 아침, 점심, 저녁, 밤에 따라 일조량이 다르다. 그리고 실내와 실외에 따라서도 다르다. 항상 같은 방식으로 사물을 본다면, 빛이 약한 곳에서나 빛이 강한 곳에서는 사물을 정확히 인식할 수 없을 것이다. 따라서 빛의 양에 제약받지 않고 사물을 인식하기 위해서 뇌에서 이러한 처리 방식이 발달하였다. 사물의 크기를 파악하기 위해서도 주변 환경의 정보를 이용한다. 그러면 보이는 크기와 상관없이 실제 크기를 더 정확하게 파악할 수 있기 때문이다.

## 따로 또 같이

두정엽은 몸으로 느끼는 감각을 인지한다. 발로 지압 판을 밟거나 손에 쥔 스마트폰이 진동하면 굳이 보지 않아도 알 수 있다. 연인의 맞잡은 손에서 온기를 느낄 수 있는 것도 두정엽 덕분이다. 통증도 두정엽을 통해 느낀다. 만원 버스에서 '누군가 내 오른발의 엄지발가락을 밟았구나!' 알 수 있는 것도 두정엽 덕분이다. 이처럼 두정엽은 진동, 압력, 피부의 당겨짐, 통증, 온도와 같은 신체 외부로부터 오는 자극을 인식한다. 하지만 이것 외에도 두정엽이 담당하는 중요한 감각이 있다. 바로 고유감각이란 것이다.

고유감각은 내 몸의 위치를 알려주는 감각이다. 이를 통해 굳이 발가락을 보지 않고도 발가락을 구부리고 있는지, 쭉 펴고 있는지를 알 수 있다. 눈을 감고 가위, 바위, 보를 해도 무엇을 냈는지 알 수 있게 해준다. 내 몸을 나 자신 고유의 것으로 인식하게 해 주기에 고유감각이라는 이름이 붙었을 수도 있다. 무난한 일상생활을 위해서는 고유감각의 역할이 중요하다. 초기 신체 위치 정보를 바탕으로 다음 동작이 이루어지기에 때문에 뇌는 항상 자신의 신체 각 부위의 위치를 정확히 알고 있어야 한다.

테니스 경기에서 날아오는 공을 정확히 맞받아쳐서 원하는 위치로 보내려면 손이 앞에 있는지, 등 뒤에 있는지에 따라 스윙 동작이 달라진다. 야구 경기에서 날아오는 공을 받을 수 있는 것도 두정엽이 실시간으로 각 관절의 위치를 알기 때문이다. 그러나 이런 정교한 동작을 위해서는 두정엽만으로는 충분하지 않다. 두정엽 이상으로 커다란 공헌을 하는 부위가 나중에 언급할 소뇌이다. 고유감각은 두정엽뿐만 아니라 소뇌에도 정보를 제공한다.

두정엽 앞에는 전두엽이 있다. 뒤로는 후두엽, 아래로는 측두엽이 위치한다. 이처럼 두정엽은 다른 엽들과 서로 이웃하고 있다. 그렇기에 다른 엽들로부터 오는 정보를 모아서 통합하는 역할도 한다. 후두엽의 시각 정보, 측두엽의 청각 정보, 두정엽의 몸통 감각 정보를 통합하고, 이를 뇌의 CEO인 전두엽으로 전달해준다. 아인슈타인 뇌에서 두정엽의 일부분이 일반인에 비해 15% 정도 크다는 사실은 널리 알려져 있다.

측두엽은 귀로 듣는 소리의 의미를 파악한다. 상대방이 말을 하면 공기가 요동치고 이러한 파장은 고막을 울려 달팽이관의 신경세포를 자극해서 뇌로 정보를 전달한다. 그러면 측두엽에서 소리를 해석한다. 측두엽으로 인해 퇴근길에 사과를 사 오라는 부탁을 받았을 때 바나 나가 아닌 사과를 사 갈 수 있고, 스무고개 놀이에서 상대방이 원하는 답을 맞힐 수가 있다.

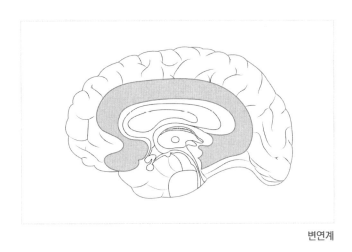

변연계

대뇌의 가장 안쪽에는 변연계라는 부위가 있다. 이곳은 경험한 일에 대한 정서적 색깔을 입힌다. 이를테면 다른 사람과 대화를 나눈 후 느끼는 즐거움이나 불쾌함, 어두운 골목에서 누군가 불쑥 나타나는 모습을 보고 긴장하는 것, 내일까지 과제나 보고서를 끝내도록 동기부여를 하는 것 모두 변연계가 주도한다. 음식이 주는 즐거움도 변연계의 활동 덕분이다. 이처럼 일상생활에서 느끼는 감정적 반응의 저변에는 변연계가 자리 잡고 있다.

감정이라는 느낌은 생존이라는 절대 과제에서 강력한 기준이 된다. 감정에는 슬픔, 혐오, 분노, 놀람, 공포와 같은 부정적 감정과 기쁨과 같은 긍정적 감정이 있는데, 이 중에서 특히 공포라는 부정적 감정

경이로운 뇌

은 매우 강력하게 작용한다. 공포를 느끼는 순간은 생명 위협과 직접적 연관이 있을 가능성이 크기 때문이다. 공포를 느끼면 신체는 변화한다. 신경이 곤두서고, 호흡은 거칠어지며 심장박동도 빨라진다. 손에는 땀이 나고, 장운동은 감소한다. 이처럼 변연계는 감정적 변화에 맞춰 신체의 반응을 조절하는 역할도 한다. 이러한 일련의 과정 중심에는 변연계의 일부인 편도체가 있다.

뇌는 또한 위험한 순간을 잘 기억해 둬야 한다. 그래야 다음에 유사한 상황이 오면 참고할 수 있다. 그렇기에 정서적 처리를 담당하는 변연계에 기억을 담당하는 해마가 있는 것은 당연해 보인다. 어제저녁에 무엇을 먹었는지, 내일 할 일이 무엇인지 기억하는 것은 해마의 뇌세포 덕분이다. 그러나 우리의 기억은 영원하지 않다. 하루 지나서 잊어버릴 수도 있고, 수년 후에 잊어버릴 수도 있다. 또한, 새로운 기억이 매일 생겨난다. 해마에 존재하는 신경세포들이 어떻게 연결되는지에 따라 우리는 망각하기도 하고 새로운 기억을 얻기도 한다. 여기서 해마의 변화무쌍한 환경을 짐작할 수 있다. 이에 대해 스웨덴의 요나스 프리센 박사는 해마 뇌세포의 나이가 모두 다르고, 1,400개의 신경세포가 매일 생겨난다고 밝혀냈다.

후각 시스템도 변연계의 일부이다. 후각은 감각기관 중에서 가장 먼저 진화한 부위로 알려져 있다. 진화 초기에 발생했다는 사실은 생존과 직접 관련된 원초적 기능을 한다는 것을 뜻한다. 그래서 동물이 포식자의 냄새를 감지하고 도망가거나 페로몬 향을 이용해 짝짓기할 수 있다. 인간의 경우도 무의식적으로 배란기 여성을 후각을 이용해 구분할 수 있다는 연구 결과가 있다.

후각 신경세포의 가장 큰 특징은 해마의 신경세포와 더불어 재생 가능한 신경세포라는 점이다. 이는 후각 신경세포가 외부 환경에 직접 노출되어 손상에 취약하기 때문이다. 2004년 노벨상 수상자인 벅과 액셀은 인간 유전체의 3%가 후각 수용체와 관련이 있다고 밝혀냈다.

감정적 반응을 일으키는 변연계에는 해마와 후각 기관이 함께 존재한다. 그래서 변연계는 경험을 기억하여 감정과 결부시키고, 후각을 처리한다. 해부학적으로 가까이 있다는 것은 무언가 긴밀하게 정보 교환을 하고 있음을 의미한다. 이들의 위치가 너무 가까이 있어 초기 해부학자들은 기억 시스템이 냄새를 담당한다고 착각했을 정도였다. 그래서 냄새는 다른 감각보다 더 강렬한 감정과 기억을 불러일으키곤 한다. 다른 사람에게는 아무 의미 없는 냄새도 내게는 편안한 혹은 불쾌한 감정이나 기억을 떠올리게 할 수 있다. 밥 익는 냄새는 어릴 적 가족이 다 함께 둘러앉아 즐겁게 식사했던 때를 생각나게 하며 그때의 추억과 감정에 빠져들게 한다. 또한, 비위가 약한 사람에게 생선을 보는 것보다 생선 비린내가 더 크게 느껴지는 이유이기도 하다.

1950~60년대에 미국의 심리학자 폴 맥린은 뇌를 쉽게 구분할 수 있는 세 개의 부위로 나누었다. 이를 '뇌 삼위일체론'이라고 한다. 이들 세

부위는 뇌줄기, 변연계, 신피질이다. 뇌줄기는 심장박동, 호흡 유지와 같은 생명과 직접 연관된 가장 원초적인 일을 담당하고 진화 과정의 초기에 등장하였기에 '파충류의 뇌'라고 불린다.

뇌줄기 위에는 변연계가 있다. 이곳은 감정처리, 기억을 담당하고 포유류에도 존재하기에 '포유류의 뇌' 또는 '오래된 뇌'라고 한다. 변연계 위에는 신피질이라는 부위가 있다. 신피질은 인간만의 고유한 특징을 보여주는 뇌이다.

전두엽은 신피질의 대표적 부위이다. 이 부위는 고차원적인 인지와 사고를 가능하게 해 주며 가장 나중에 진화하였다. 전두엽은 이성적으로 일을 해결하려고 하고, 변연계는 감정을 중요시한다. 따라서 합리적 생각과 행동을 위해서는 전두엽이 변연계를 적절히 통제해야 한다. 전두엽이 정상적으로 기능하면 변연계 주도로 감정에 휘둘리지 않게 된다.

뇌졸중을 앓는 사람의 60%가 1년 이내에 우울증을 경험한다는 연구는 이를 보여준다. 그러나 변연계는 항상 통제 대상이 아니다. 삶을 움직이는 원동력은 감정이다. 사랑이나 열정, 의욕과 같은 감정적 동기부여 없이는 논리적 사고, 판단, 계획, 실행과 같은 대뇌의 고차원적 기능을 제대로 발휘할 수 없다. 결국, 변연계의 도움 없이는 신피질은 반쪽짜리 뇌로 전락하고 마는 셈이다.

# 예언자 소뇌

소뇌는 후두엽 아래, 뇌줄기 뒤쪽에 위치한다. 생명 출현 초기 단계부터 생겨났으며, 생물학적 하등 동물도 가지고 있다. 어류의 옆줄이 인간의 소뇌에 해당한다. 소뇌의 역사가 이렇게 오래되었다는 사실은 생명 유지에 있어서 매우 중요한 역할을 한다는 것을 알려준다. 뇌에서 소뇌의 부피가 차지하는 비중은 10%에 불과하지만, 전체 신경세포의 절반이 소뇌에 몰려 있다.

실제로 소뇌는 여러 일을 담당한다. 균형 감각은 소뇌의 대표적인 기능이다. 실생활에서 이를 쉽게 목격할 수 있다. 알코올은 소뇌의 대사작용을 떨어뜨린다. 따라서 술 취한 사람이 좌우로 비틀거린다면 저 사람의 소뇌가 정상 상태가 아님을 짐작할 수 있다.

균형을 유지하려면 시선도 원하는 방향으로 움직여야 한다. 균형을 잡는다는 것은 내 몸을 내 의도대로 움직이려는 의미고, 내 몸을 마음대로 움직이기 위해서는 시선 방향이 중요하기 때문이다. 그래서 소뇌는 눈동자 움직임 조절에도 관여한다. 이뿐만이 아니다. 소뇌는 정교한 동작이 이루어지도록 근육의 세밀한 움직임을 조절하는 데 관여한다.

이를테면 테이블 위에 있는 커피잔으로 손을 뻗는다고 상상해보자. 손으로 컵을 움켜잡기 위해서는 컵까지의 거리에 해당하는 만큼만 어깨, 팔꿈치, 손목, 손가락 관절을 움직여야 한다. 너무 많이 움직이면 손이 컵을 지나칠 것이고, 너무 적게 움직이면 손이 컵에 도달하지 못할 것이다. 그러기 위해서 소뇌는 각 관절의 실시간 위치를 정확히 알고 있어야 한다. 초기 손이 어떤 위치에 있느냐에 따라 근육에 전달되는 명령이 달라지기 때문이다. 손을 주머니에 넣고 있는지, 손가락을 구부리고 있는지, 펴고 있는지에 따라 어떤 근육을 얼마만큼 움직이라는 명령이 달라진다.

여기서 중요한 감각이 등장한다. 앞서 언급한 고유감각이다. 어깨, 팔꿈치, 손목, 손가락의 관절과 근육이 얼마나 늘어났거나 줄어들었는지에 대한 정보를 고유감각이 실시간으로 소뇌에 알려주는 덕분에, 소뇌는 신체 각 부위의 위치에 관한 정보를 항상 인지하고 있다.

소뇌는 신체의 물리적 상태에 관한 모든 데이터를 가지고 있다가, 필요한 순간에 필요한 데이터를 대뇌에 알려준다. 그러면 대뇌는 이러한 데이터를 바탕으로 어깨, 팔꿈치, 손목, 손가락 관절을 얼마만큼 움직이라는 명령을 근육에 내린다. 대뇌는 근육에 명령을 내림과 동시에 같은 정보를 다시 소뇌에 제공한다. 대뇌는 소뇌한테 '나는 이런 명령을 근육한테 내렸어'라고 보고하는 셈이다. 덕분에 소뇌는 매 순간 관절이나 근육 상태에 대한 정보뿐만 아니라 대뇌에서 어떤 명령이 내려졌는지도 알고 있다. 소뇌는 이 두 가지 정보를 비교하여 앞으로 어떤 움직임이 일어날지를 예측한다.

이러한 예측은 일상생활에서 중요하다. 만약 팔의 움직임이 크다면, 이러한 예측이 있어야 현재 이대로 팔을 뻗다가는 커피잔을 지나칠 것이라는 경보를 대뇌에 울릴 수 있다. 그러면 대뇌는 근육에 다시 명령을 내려 동작을 수정하여 마침내 원하는 동작을 이룰 수 있다. 한 예로 소뇌가 제 기능을 하지 못하면, 거리감이 없어지면서 커피잔을 한 번에 쥐지 못하고 손이 떨리게 된다. 이러한 현상을 의학에서는 '활동 떨림'이라고 한다.

 인간의 소뇌가 다른 동물에 비해 유난히 큰 것으로 봐서 인간만의 고유한 능력이 소뇌와 연관이 있음을 짐작할 수 있다. 일부 신경학자들은 인간의 움직임이 점점 복잡해지면서 동작에 대한 예측이 필요하게 되었고, 그 결과로 소뇌로부터 사고 능력이 생겨났다고 주장한다. 실제로 소뇌는 전전두엽과 긴밀한 의사소통을 한다. 정교한 신체 움직임이 이루어지도록 조절하듯 사고나 생각의 흐름이 원활하고 부드럽게 이어지도록 조절한다. 그래서 이곳에 문제가 생기면, 생각이 느려지거나 상황에 맞는 적절한 생각을 못 하게 된다. 심하면 학습장애도 일으킨다. 자폐아나 주의력결핍 과잉행동장애 아이들에게서 소뇌 기능 저하를 흔히 볼 수 있는 것도 이런 이유이다.

# chapter 5

## 좌뇌와 우뇌

한쪽 반구가 지나치게 우세해지면 다른 반구의 효과를 가린다.
전체 뇌는 서로 조화를 이루어야 한다.　　　 - 프레데릭 캐릭


# 모두가 소중해


인간의 뇌는 왼쪽에 있는 좌뇌와 오른쪽에 있는 우뇌로 나뉘어 있다.
좌뇌는 신체 오른쪽의 움직임을 담당하고, 우뇌는 신체 왼쪽의 움직임
을 담당한다. 이 둘은 외관상으로 비슷해 보이고 같은 일도 하지만, 기
능적인 면에서 많은 차이가 있다.

1960년대에 중증의 간질 환자들을 치료하기 위한 목적으로 좌뇌와
우뇌를 분리하는 수술이 시행되었다. 이후 이 수술을 받은 환자들에게
서 행동방식이나 신체적, 인지적 측면에서 의도치 않은 이상 증상들이
관찰되면서 본격적으로 '뇌 분할' 연구가 시작되었다. 그러면서 '좌뇌형'
혹은 '우뇌형'이라는 용어 또한 생겨났다.

좌·우뇌 분할 연구로 1981년 노벨상을 받은 로저 스페리는 수상 연
설에서 이렇게 말했다.

"좌·우뇌 분리 수술할 때는 좌뇌와 우뇌의 사소한 차이도 중요합니
다. 같은 삶을 두고 심리적 혹은 행동적으로 확연히 구분되는 서로 다

　　　　　　　　　　　　　　　　　　　경이로운 뇌

른 두 가지 태도를 보이는 모습을 볼 수 있습니다. 좌뇌를 사용하느냐 우뇌를 사용하느냐에 따라 완전히 다른 두 사람이 될 수 있습니다."

좌뇌가 기능을 잃고 우뇌가 주도권을 잡으면 어떤 일이 생길지 질 볼 트 테일러의 사례를 통해 짐작할 수 있다. 그녀는 신경해부학자로, 37세 에 동정맥 기형으로 인해 좌뇌에 뇌출혈이 생겼다. 뇌졸중은 허혈성과 출혈성이 있고, 이 중 허혈성이 대부분이지만, 그녀에게는 더 심각한 출 혈성 뇌졸중이 생겼다. 미국에서 좌뇌의 뇌졸중 발생 확률은 우뇌보다 4배 더 높다. 그녀는 8년의 회복 기간을 거쳤고, 이후 뇌출혈이 아니었 으면 결코 몰랐을 우뇌에 지배당한 경험을 다음과 같이 묘사했다.

"좌뇌를 지배하는 신경섬유들의 기능이 멈추면서 더 이상 우뇌를 억 제하지 않았고, 내 의식은 세타빌 상태와 놀랄 정도로 흡사한 상태에 빠져들었다. 잘은 모르지만, 불교도들이라면 아마도 열반에 접어들었 다고 말할 것이다. 좌뇌의 분석적 판단 능력이 상실된 상태에서 평온 과 안락, 축복과 행복, 충만의 감정이 나를 휘감았다…. 좌뇌는 자신 을 남들과 구별되는 존재로 인식하도록 길들여졌다. 이런 제약에서 풀 려나자 나의 우뇌는 영원한 우주의 흐름에 몸을 맡기며 즐거워했다. 나는 더 이상 고립된 외톨이가 아니었다. 내 영혼은 우주만큼이나 거 대했고, 드넓은 바다에서 흥겹게 장난치며 놀았다."

명망 있는 신경해부학자였던 그녀의 주장은 세상의 많은 관심을 불러 일으켰고, 현재는 뇌과학자로서 그리고 자신이 경험한 것을 바탕으로 한 영감 연설자로서 활발히 활동하고 있다.

질 볼트 테일러의 경험과는 반대인 사례가 올리버 색스의 세계적 베스트셀러인 〈아내를 모자로 착각한 남자〉에서 나온다. 주인공은 우뇌 병변을 가지고 있다. 그는 우뇌를 이용할 수 없었고, 그 이후로 이상한 증상들이 나타났다. 주인공에게 장갑을 보여주고 무엇이냐고 물어보니, 하나로 이어져 있으면서 주머니가 다섯 개 있는, 뭔가를 넣는 물건이라고 대답하는가 하면, 붉은 장미 한 송이를 보고 붉은 것이 복잡하게 얽혀있으며 초록색의 기다란 깃이 붙이 있는 모습이라고 설명했다. 그의 뇌 속에서 어떤 일이 벌어졌기에 그런 대답을 할 수 있었을까?

좌뇌는 세세한 부분에 집착하는 반면, 우뇌는 전체적인 그림에 초점을 맞춘다. 좌뇌는 나무를 보고, 우뇌는 숲을 보는 셈이다. 그는 장갑을 전체적으로 볼 수 없었기에 그런 생각을 할 수밖에 없었다. 특이한 점은 그뿐만이 아니었다. 그는 무슨 일을 하든지 항상 노래를 불렀다. 옷을 입거나 식사를 하거나 목욕을 할 때도 노래를 불렀다. 마치 노래 부르기를 너무나 좋아해서 삶의 일부분이 된 것처럼 보였다. 그런데 이상하게도 중간에 노래가 방해를 받으면 그의 행동도 같이 멈췄다. 사실 노래 없이 할 수 있는 일은 거의 없었다. 도대체 왜 이런 일이 일어났을까?

# 비대칭의 장점

좌뇌 혹은 우뇌가 기능을 상실하면 질 볼트 테일러나 〈아내를 모자로 착각한 남자〉의 주인공처럼 신기하면서도 때로는 충격적인 장면을 볼 수 있다. 이를 이해하려면 좌뇌와 우뇌가 왜 서로 다른지를 먼저 알아야 할 것 같다.

척추동물은 복잡한 외부 환경에 적응하면서 좌·우뇌가 다르게 발달했다. 좌·우뇌 비대칭의 장점은 뇌가 더 많은 구역으로 세분화되어 더욱 정확하게 기능을 수행할 수 있고, 일의 처리 속도도 높일 수 있다는 점이다. 특히 인간의 좌·우뇌 비대칭성과 세분화는 다른 종에 비해 월등하게 두드러진다.

언어가 행동으로 나타나는 신경학적 과정을 보면 침팬지는 좌뇌와 우뇌가 모두 활성화되었지만, 인간은 대부분 좌뇌에서만 활성화되었다. 만약 좌뇌와 우뇌가 똑같다면 인간 뇌의 특징인 기능적 세분화는 지금보다 덜 했을 것이고, 따라서 인지, 사고, 반응은 지금의 인간만큼 정확하지 않았을 것이다. 또한, 하나의 정보가 좌뇌와 우뇌로 모두 가면서 여러 경로를 거치는 동안 반응 속도도 느려지면서 지금처럼 빠르게 반응하지 못했을 것이다.

지금까지 뇌에 관한 연구는 많은 부분이 좌뇌에 치우쳤다. 따라서 좌뇌에 대해서는 여러 사실이 알려졌지만, 우뇌는 아직까지도 많은 부분이 베일에 싸여있다. 이는 듣고 이해하고 말하는 기능을 하는 언어 중추가 대부분 좌뇌에 있기 때문이다. 좌뇌에 손상이 생기면 언어 중추를 통해 부위에 따른 증상을 비교적 쉽게 알아낼 수 있는 반면에 우뇌에는 의사소통할 수 있는 언어 중추가 없기에 손상 부위에 따른 증상도 알아내기가 쉽지 않다.

  좌뇌에 있는 언어 중추는 19세기 프랑스 의사 폴 브로카에 의해 처음 보고되었다. 브로카는 특이한 언어 장애를 지닌 환자를 진찰했다. 그 환자는 듣는 말은 모두 이해할 수 있었지만, 할 수 있는 말은 오직 '탕'이었다. 사후에 브로카가 그의 뇌를 해부했고, 뇌 한 부분에 손상이 있는 것을 발견했다. 이후 발견자의 이름을 따서 그 부위를 브로카 영역이라고 하고, 이와 관련된 실어증을 브로카 실어증이라고 한다.
  브로카 영역 말고도, 베르니케 영역이라는 언어 중추의 또 다른 중요 부위가 있다. 이 부위에 병변이 생기면 반대 증상을 보인다. 상대방의 말을 전혀 이해하지 못하지만, 말하는 것을 들어보면 문법에 맞고 적절한 단어를 이용해 어느 정도 유창하게 표현할 수 있다. 그러나 상대방의 질문을 전혀 이해하지 못하기 때문에 대화가 거의 불가능하다. 마치 한국어 초보자 외국인과 한국말로 대화할 때 그가 혼란스러운 대답을 하는 모습과 비슷할 것이다. 이를 베르니케 실어증이라고 한다.

  신경학자 케빈 넬슨의 저서, 〈뇌의 가장 깊숙한 곳〉에 소개된 한 사례는 좌·우뇌의 차이를 적나라하게 보여준다. 그 사례에 등장하는 폴

경이로운 뇌

은 좌·우뇌 분리 수술 이후, 우뇌와 직접 소통할 수 있는 환자였다. 일반적으로 좌·우뇌 분리 수술을 하면 우뇌는 언어 능력이 없고 설상가상으로 그나마 존재하던 좌뇌와의 연결 통로도 끊기면서 외부 세계와 단절된 채 있는지도 없는지도 모르는 존재가 되어 침묵하게 된다.

그러나 폴의 경우는 예외였다. 폴은 질문을 듣고 철자 카드를 손으로 움직이는 방법으로 연구진과 의사소통을 했다. 그 연구에 따르면 폴의 우뇌는 전쟁, 섹스, 폴의 어머니, 폴 자신에 대해 좌뇌보다 더 부정적으로 평가했다. 그의 우뇌는 자동차경주 선수가 되고 싶었지만, 좌뇌는 제도공이 되기를 원했다. 또한, 우뇌는 마약을 좋아했지만, 좌뇌는 매우 싫어했다. 그의 연구를 통해 온전히 하나였던 뇌가 좌우로 분리되면, 각 반구는 같은 경험을 두고 느끼는 바가 다르고 좋아하는 것과 싫어하는 것이 다르다는 것을 알 수 있다. 좌·우뇌 각 반구가 의식이 서로 다른 독립적인 개체로 존재하는 셈이다.

좌·우뇌 분리 수술은 '외계인 손 증후군'이라는 괴상하고 심각한 증상을 발생시킬 수도 있다. 외계인 손 증후군 환자의 양 손발은 서로 조화를 이루지 못한다. 한 손으로는 단추를 채우면서 다른 손으로는 지퍼를 내리는 식이다. 이 수술을 받은 한 소년은 바지를 입을 때 한 손으로는 바지를 올리지만 다른 손으로는 바지를 내리는 모습을 보였다. 양쪽 뇌가 독립적으로 활동하면서 서로 간의 의견 차이가 외부로 드러나는 셈이다. 다행히 이 증후군은 대부분 몇 주안에 사라진다고 한다. 신경가소성으로 인해 좌·우뇌가 다시 협력을 시작하기 때문인데, 이는 우리 뇌의 놀라운 적응력을 보여주는 또 다른 예이다.

좌·우뇌가 분리된 사람을 대상으로 한 다른 실험에서 대상자에게 좌뇌에는 의자, 우뇌에는 두꺼비를 보여주고, 무엇을 봤는지를 물어보았다. 그러자 대상자는 의자를 보았다고 대답했다. 이때 본 것을 왼손으로 그리라고 하니 두꺼비를 그렸다. 언어는 좌뇌가 담당하므로 좌뇌가 본 것만 대답했고, 왼손은 우뇌가 담당하므로 우뇌의 명령을 따랐기에 이런 낭황스러운 상황이 발생했다.

## 정확할 필요는 없잖아?

좌뇌는 패턴 인식에 관여한다. 빨강, 노랑, 파랑이 반복되면 노랑 다음에 파랑이 올 것이라고 알 수 있는 것은 좌뇌 덕분이다. 패턴 인식은 생존을 위해 중요한 부분이다. 봄, 여름, 가을이 지나면 곧 겨울이 온다는 것을 알게 해 주고, 가까이서 맹수의 울음소리가 들리면 곧 맹수가 나타날 수 있다는 것을 알려준다. 패턴 인식은 논리적 사고를 바탕으로 한다. 그래서 좌뇌는 추리적, 논리적 사고에도 능하다. 필통이 연필보다 길고 연필이 지우개보다 길다면, 필통이 지우개보다 길다는 결론을 내릴 수 있게 해 준다.

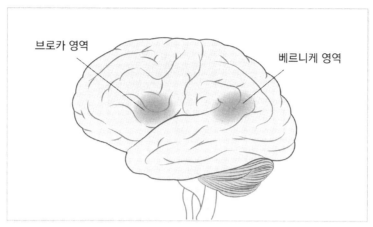

브로카 영역과 베르니케 영역

좌뇌가 언어를 담당하는 이유도 이러한 관점에서 볼 수 있다. 언어는 문법이라는 일정한 규칙과 패턴을 따르기에 대부분의 경우에서 언어는 좌뇌의 몫이다. 실제로 상대방의 말을 듣고 이해하도록 해주는 베르니케 영역이나 내가 하고자 하는 말을 정확한 발음으로 말하도록 해주는 브로카 영역이 오른손잡이의 90%와 왼손잡이의 60%에서 좌뇌에 위치한다. 베르니케 영역은 좌측 측두엽의 상측두이랑 뒤쪽에 위치하고 브로카 영역은 좌측 전두엽의 전 운동영역 아래쪽에 위치한다.

그렇다고 대화를 하기 위한 모든 기능이 좌뇌에만 있는 것이 아니다. 듣고 말하는 기능은 좌뇌에 있지만, 상대방의 정확한 의도를 파악하기 위해서는 이것만으로는 부족하다. 상대방의 음높이, 톤, 음색, 은유 등 더 많은 정보를 알아야 상대방이 말하고자 하는 바를 알 수 있다. 이러한 일은 우뇌가 담당한다. 좌뇌의 베르니케 영역에 해당하는 우뇌 부위는 상대방의 목소리에 담긴 감정적 의미와 은유적 의미를 해석하는 일을 한다.

이 부위가 손상되면 상대방의 언성이 높아지는 의미를 알지 못한다. 상대방이 "참! 잘했어!"라고 했을 때 이 말이 정말 나를 칭찬하는 것인지, 비꼬는 것인지를 알기 위해서는 우뇌가 필요하다. 마찬가지로 좌뇌의 브로카 영역에 해당하는 우뇌 부위는 말을 할 때 억양이나 감정적 톤을 싣는 일을 한다. 이 부위가 손상되면 억양이 사라져서 단조롭고 아무런 감흥이 없는 말투를 띠게 된다. 화창한 날에 오색이 알록달록한 산을 보고 감동하면서 '정말 장관이구나'라고 말하지만, 정작 말투는 전혀 감흥을 느낄 수 없는 로봇 말투로 내뱉는 셈이다.

앞서 언급한 〈아내를 모자로 착각한 남자〉에 나오는 주인공도 우뇌를 깨우기 위해 노래를 이용했다. 그는 옷을 입거나 식사를 하는 것을 비롯하여 일상의 모든 활동을 노래를 부르며 했는데, 이상하게도 노래가 방해를 받아 멈추면 그의 행동도 같이 멈췄다. 본인이 의도하지는 않았겠지만, 그는 노래에 포함된 음색이나 음의 높낮이 같은 노래의 비언어적 요소들을 이용하여 우뇌를 자극하였음을 짐작할 수 있다. 주인공은 이를 이용해 피폐해진 우뇌에 약간의 활기를 불어넣어 생활을 이어가고 있던 것이다.


좌뇌는 선형적이고 논리적이기 때문에 조직화에 능하고 순차적 사고를 한다. 그래서 앞과 뒤를 연결 지으려고 노력한다. 부분과 부분의 연속적인 매듭은 시간이라는 개념을 형성하여, 하나의 사건은 시간적 순

서로 구성될 수 있다. 그래서 우리는 속옷을 입은 후에 바지를 입으며, 치약을 짠 후에 양치질하고, 여름날에 번쩍이는 번개와 천둥소리를 들으면 곧 소나기가 내릴 거라 짐작할 수 있다.

그런데 이상하게도 이러한 좌뇌의 노력은 항상 진실이나 사실을 바탕으로 하지 않는다. 어떤 때는 거짓말이나 사실이 아닌 것을 보태서 지어내기도 하고, 심지어 새로운 시나리오를 집어넣기도 한다. 사실 좌뇌는 정확성에는 별로 관심이 없다. 근거를 대고 이유를 덧붙여 부분과 부분을 이어서 이야기를 전개해 나가는 것이 주요 관심사이다. 마치 번개와 천둥소리 없이 갑자기 소나기가 오는 것을 보고, '번개가 치고 천둥소리가 나니 소나기가 오는구나'하고 꾸며내는 것과 같다.

케빈 넬슨이 소개한 한 여성 환자의 사례는 이를 잘 보여준다. 연구자들은 그 환자의 우뇌에 누드 사진을 보여주니 그녀는 킬킬거리며 웃었다. 이에 연구자들이 왜 웃었는지를 물어보자 언어 능력이 있는 좌뇌가 "우습게 생긴 기계라서요"라고 대답했다. 웃는 감정은 좌뇌와 우뇌가 공유했지만, 우뇌가 본 것을 좌뇌는 모르기에 거짓 대답을 한 것이다. 이처럼 좌뇌는 지어내서라도 상황을 설명하여 앞과 뒤를 나름 논리적으로 구성하려 한다.

좌뇌는 논리적 추론에 들어맞는 안정성을 추구하기 때문에 앞뒤가 맞지 않는 것은 무시하거나, 왜곡해 변형시킨다. 이는 우리의 생존을 위한 원초적 방어기제이며, 실질적으로도 상당한 도움이 된다. 이를 통해 논리적 순차적 사고를 할 수 있으며, 패턴을 형성하여 최소한의 집중으로 상황을 파악하도록 해준다. 덕분에 사냥을 나갈 때마다 매번 처음부터 다시 생각하지 않아도 된다.

그러나 틀에 갇힌 고정된 사고방식은 또 다른 위험이 될 수 있다. 'A는 B이고 B는 C니까, A는 C구나'하는 사고방식은 편견을 갖게 하고, 예외를 허락하지 않아서 진실을 외면하게 한다. 이러한 생각은 결국 '그래서 여자는 안 돼' 또는 '그래서 남자는 안 돼' 같은 일반화의 오류를 범하게 한다. 황폐해진 생각에 스스로 갇힌 이러한 폐해는 생각보다 광범위해서 우리의 인생에 큰 영향을 준다. 사회적 경제적 정치저 견해가 편견에 갇히면 우리의 삶은 크게 달라질 수 있다.

## 큰 그림을 봐야 해

IQ 검사는 대표적 좌뇌 검사이다. 우뇌 검사 결과와는 다소 차이가 날 수 있다. 논리적이고 이성적인 좌뇌는 언어 능력도 갖추고 있으면서 인간의 고차원적인 사고 능력을 잘 대변하는 것처럼 보인다. 반면에 직관적이고 감정적인 우뇌는 인간의 우수성을 대변하기에는 무언가 부족해 보이거나 애매해 보일 수도 있다. 하지만 이러한 생각은 우뇌를 평가할 수 있는 정확한 방법이 아직 없기 때문이다. 우뇌야말로 규칙과 틀에 얽매이지 않으면서 세상을 직관적으로 받아들이며 창조적 사고를 할 수 있는 능력이 있다.

우뇌는 시각적 공간적 인지능력에 강하다. 좌뇌는 신체 우측 공간만을 인지하는 반면에 우뇌는 좌측 공간에 더 특화되어 있기는 하지만 양측의 공간을 모두 인지할 수 있다. 이는 나무보다는 숲을 보듯이 큰 그림을 보려는 우뇌의 특징을 잘 보여준다. 두정엽의 뒤쪽 부분에서는, 신체감각 정보, 후두엽의 시각 정보, 측두엽의 청각 정보가 기억에 관한 정보들과 함께 통합된다. 이 부위를 두정연합영역이라고 하는데, 이곳에서는 통합된 정보들을 바탕으로 주변이나 멀리 떨어진 곳에 존재하는 사물들에 대한 공간적 지각을 형성한다. 그래서 내 책상 위 오른쪽에는 컴퓨터 모니터가 있고 왼쪽에는 커피잔과 몇 권의 책이 놓여 있고 책상 넘어 왼쪽 저 멀리에는 정수기가 있으며 오른쪽 창가 너머로는 도로와 아파트 단지가 있다는 것을 알 수 있다.

우뇌는 공간의 좌측과 우측을 모두 인지하므로 좌뇌의 이 부위가 손상되어도 우뇌에 의해 신체 우측 공간을 어느 정도 인지할 수 있다. 그러나 우뇌의 두정엽 뒤쪽 부분이 손상되면 신체 좌측의 공간을 인지하지 못하게 되면서 이들에게는 오직 우측 세상만 존재하게 된다.

만약 이들에게 경복궁에서 이순신 장군 동상까지 걷는다고 상상하면서 보이는 건물들을 말하라고 하면, 우측에 있는 정부서울청사, 세종문화회관 등을 말할 수 있지만, 좌측에 있는 미국대사관이나 교보문고는 그의 세상에 존재하지 않는다.

같은 사람에게 반대로 이순신 장군 동상에서 경복궁까지 걷는다고 상상하면서 보이는 건물들을 말하라고 하면, 그는 우측에 있는 교보문고, 미국대사관은 생각해낼 수 있지만, 세종문화회관, 정부서울청사 같은 좌측에 있는 건물들은 그의 머릿속에 떠오르지 않는다. 좌측 공간을 인지하지 못하는 이런 증상은 그림으로도 나타난다. 꽃이나 시계를 그리라고 하면 우측에만 꽃잎을 그리거나, 우측에만 시간을 표시하기도 한다.

 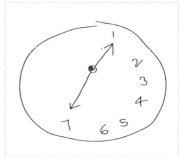

우뇌 두정엽 손상 환자의 그림 예시

우뇌 두정엽 손상 환자는 주변 공간뿐만 아니라 자신의 신체 좌측도 인지하지 못할 수 있다. 그래서 좌측으로는 옷을 입지 않거나, 씻지 않기도 한다. 이들에게는 좌측 공간이라는 개념 자체가 아예 사라진 셈이다. 더 심각한 문제는 이들에게 좌측 공간이 사라졌다는 사실조차 인지하지 못한다는 점이다. 그래서 신체 좌측 부위에 마비가 와도 무엇이 문제인지 전혀 알지 못하며 아무런 이상이 없다고 우기며 병원을 나가려고 하거나 다른 사람의 신체라고 주장하기도 한다. 이를 질병인식불능증이라고 한다.

좌뇌는 세부사항에 집중하는 반면에, 우뇌는 시각적, 공간적 지각 능

경이로운 뇌

력이 우수하여, 세부적 부분들을 통합하여 큰 그림을 보게 해 준다. 덕분에 전체적인 흐름을 파악할 수 있다. 우뇌의 이러한 능력은 상대방의 얼굴을 알아보기 위해서도 쓰인다. 상대의 얼굴을 인지하기 위해서는 눈, 코, 입, 귀 각 부분을 조합한 전체 모습을 보아야 한다. 수렵시대에 동물의 얼굴을 알아채거나 주위 사람의 얼굴을 보고 친구인지 적인지 알아채는 능력은 생존과 밀접하게 연관되어 있기 때문에 매우 중요하다. 이는 때때로 우리가 구름이나 바위, 화성 표면, 심지어 빵에서도 얼굴 모양을 볼 수 있는 이유이기도 하다. 뇌는 얼굴 인지에 특화되어 있어서 눈, 코, 입이 약간만 형태를 갖춘 모습을 하면 무엇에서든 얼굴을 볼 수 있다.

얼굴은 내가 누구인지 말해주는 하나의 증표이기도 하지만, 감정 상태도 잘 보여준다. 상대방의 눈빛을 보거나 입가의 미소나 경련을 보면 그가 지금 어떤 감정적 상태인지 쉽게 짐작할 수 있다. 그래서 상대방의 얼굴을 알아보는 우뇌는 상대방의 감정 파악에도 관여한다. 변연계는, 항상성이나 감정과 같은, 살아가는 데 있어 원초적 부분과 관련된 일을 담당하는데, 좌뇌보다 우뇌와 더 밀접하게 의사소통한다.

우뇌는 변연계를 통해 상대방의 얼굴에 드러난 표정을 보거나 목소리를 듣고 그가 지금 어떤 심적 상태인지 가늠하도록 해준다. 일부 과학자들은 인간이나 포유동물이 아기를 주로 왼쪽 가슴으로 안는 이유를 이것으로 설명하기도 한다. 시각 정보는 반대편 대뇌로 가는데, 왼쪽으로 안으면 표정과 감정을 담당하는 우뇌로 정보가 가기 때문에 아기와 더 원활하게 의사소통할 수 있다고 설명한다.

우뇌에 기능 저하가 생긴다면 상대방에 대한 공감 능력이 떨어질 수 있다. 자폐스펙트럼장애나 ADHD 아이들의 대부분은 우뇌 기능이 떨어져 있는데, 이들은 타인의 생각을 잘 읽지 못하기 때문에 남의 시선을 신경 쓰지 않고 원하는 대로 행동하려는 경향이 있다. 이런 성향은 남들을 당황스럽게 만들기도 하지만 때로는 장점이 되기도 한다.

## 가속페달과 브레이크

좌뇌는 패턴에 익숙하므로 패턴에서 벗어난 새로운 것들을 싫어한다. 반면에 우뇌는 패턴이나 틀에 얽매이지 않고 새로운 가능성을 받아들이고 사고하려 한다. 잘생긴 사람이 옷을 근사하게 차려입으면 재력이 있고 성품이 좋을 거라고 생각하며, 자신감 있는 모습으로 의견을 말하는 사람은 더 믿음직스러워 보이며, 권위 있는 사람의 이야기는 모두 맞을 거라고 생각하는 이유도 패턴화에 익숙한 좌뇌의 역할이 크다. 좌뇌는 '잘생긴 외모와 좋은 옷차림=좋은 성품과 부', '자신감 있는 모습=믿음직스러움', '권위 있는 사람의 말=진실'이라고 패턴화하여 인식하기 때문이다.

이러한 패턴화는 판단 과정에서 소비되는 에너지를 줄일 수 있고 빠른 판단을 할 수 있다는 장점이 있지만, 항상 맞지만은 않는다. 이로 인해 이미지나 언변이 좋은 정치인이나 외모가 출중한 연예인을 무조건 믿다가 뒤통수를 맞기도 하며, 사기꾼의 뻔한 속임수에 당하기도 한다. 그렇기에 이를 보완할 수 있는 안전장치가 있어야 한다. 그 일을 우뇌가 한다. 우뇌는 새로운 것을 있는 그대로 직관적으로 받아들이기 때문에 좌뇌의 'A=B'라는 공식을 따르지 않는다. 덕분에 우뇌는 창조성을 발휘하며, 새로운 것을 배울 때 더 많은 공헌을 한다. 그러나 일단 이것이 충분히 익혀져서 패턴화가 이루어지면 좌뇌가 더 활성화되기 시작한다.

좌뇌는 자동차의 가속페달과 같은 역할을 하고, 우뇌는 브레이크와 같은 역할을 한다. 좌뇌는 긍정적이고 낙관적이어서 회복 탄력성이 있지만, 우뇌는 부정적이고 회피하는 경향이 있으며 감정에 충실하다. 따라서 좌뇌 전전두엽이 손상을 받아 기능을 못 하거나 우뇌의 전전두엽이 지나치게 흥분된 상태는 불안, 걱정, 슬픔과 관련이 있다.

세타파는 졸음이 오거나 뇌 활동이 비정상적으로 느려지면 나타나고, 베타파는 흥분, 불안 상태에서 나오는 뇌파이다. 우울증 환자의 좌뇌에서 나오는 세타파나, 불안 장애인 경우 우뇌에서 나오는 베타파는 이를 잘 보여준다. 좌뇌에 뇌졸중이 생기면 우뇌가 모든 일을 지휘하게 되면서 감정적 상태에 더욱 솔직하게 반응하게 되어 화를 잘 내기도 하며 또 쉽게 우울해지는 경향도 생긴다. 좌뇌의 분석적 능력이 사라지면서, 부정적 분위기를 반전시킬 수 있는 세부적 사실에 무관심해지고 온 하늘이 먹구름으로 가득한 것처럼 부정적 감정에 짓눌리게 된다. 반면, 우뇌의 병변은 좌뇌가 모든 것을 통제하게 되면서 그다지 감정에 휘둘리시 않는다. 오히려 감정 뇌인 우뇌가 자리를 비우면서 현상태의 심각성에 무관심해지기까지 한다.

좌뇌의 가속페달과 우뇌의 브레이크는 감정적인 면에만 한정되지 않는다. 면역계에 대해서도 비슷한 역할을 한다. 좌뇌는 면역계를 항진시켜 삼염을 예방하는 역할을 하고, 우뇌는 면역계를 억제하는 역할을 한다. 좌뇌의 기능이 떨어지면 면역계 항진이 안 되어 감기나 중이염 같은 질환에 걸리기 쉽고, 우뇌의 기능이 떨어지면 면역계가 과항진되어 알레르기나 천식 같은 자가면역질환에 걸리기 쉽다.

뇌는 신체 반대편을 조절하기 때문에 오른손잡이는 좌뇌가, 왼손잡이는 우뇌가 일단 우세하다고 가정할 수 있다(그러나 반드시 그렇지는 않다). 양손잡이는 양손이 대등하게 쓰이므로 양쪽 반구가 비슷하게 우세하다고 할 수 있다. 이는 양 반구를 다 같이 적절하게 이용한다는 장점이 있지만, 뇌 속에서 명령권자가 둘이기 때문에 명령 체계의 혼란이 생길 가능성도 있다. 한 조사에 의하면 양손잡이가 스포츠를 잘하는 경우가 많지만, 두 반구의 비대칭으로 인한 최적의 효율성이 떨어지기 때문에 최고의 선수는 한손잡이가 많다고 한다. 마찬가지로 영국의 11세 아이들을 대상으로 한 조사에서 양손잡이가 오른손잡이나 왼손잡이보다 학문적 성취도가 떨어진다는 연구 결과가 있다. 또 양손잡이들은 미신이나 비이성적인 믿음에 빠지는 경향이 한손잡이보다 높게 나왔다는 조사 결과도 있다.

경이로운 뇌

# 조화의 아름다움

시소의 한쪽이 무거우면 그쪽으로 기울어지는 것처럼 좌뇌와 우뇌도 한쪽 뇌의 기능이 저하되거나 반대로 지나치게 항진되어도 문제가 될 수 있다. 이는 건강만 아니라 인지적, 행동적으로도 상당한 영향을 준다. 실제로 학습장애, 난독증, 자폐스펙트럼장애, 발달장애, ADHD, 강박 장애 아이들의 뇌를 영상 검사하거나 신경검사를 하면 한쪽 뇌 또는 뇌 일부 영역의 기능이 상대적으로 저하된 것을 볼 수 있다. 오케스트라에서 모든 파트가 서로 하모니를 이루며 연주되어야 아름다운 화음을 만들어 낼 수 있듯이, 뇌의 각 부위도 다른 부위들과 조화를 이루어야 최상의 기능을 유지할 수 있다. 만약 그렇지 못하다면 여러 가지 증상이 나타날 수 있다. 실제로 신체나 정신적 문제의 원인을 뇌의 각 부분의 균형에 초점을 두고, 이를 평가하여 거기에 맞춰 치료하는 분야도 있다.

자폐스펙트럼장애나 아스퍼거 증후군으로 진단받은 아이들은 이야기를 읽어 나갈 수는 있어도, 전체적인 흐름을 이해하는 데 어려움이 있다. 또한, 세부적인 숫자나 중요한 날짜를 잘 기억하지만, 이야기가 의미하는 바를 파악하지 못할 수 있다. 난독증은 반대의 경우이다. 난독증은 학습장애의 주요 원인이 되기도 한다. 이들은 학습 능력 자체에는 문제가 없지만, 읽기와 쓰기 능력이 떨어져 공부를 기피하게 되면서 결국 학습부진아로 오인을 받게 된다. 이러한 오해는 아이의 인생에 큰 영향을 줄 수 있다. 척추측만증도 좌뇌와 우뇌의 불균형을 주요 원인으로 보기도 한다. 뇌의 각 반구는 신체의 좌측 또는 우측만 담당하기에, 한쪽 뇌의 기능이 저하되면 담당 근육의 근력과 근긴장도가 떨어지게 되고, 결국 척추 좌측과 우측 사이의 근육 불균형이 생기면서 측만증이 발생한다고 본다. 따라서 이러한 증상을 완화시키기 위해서 뇌 각 영역 사이의 균형 회복에 중점을 둔다.

우뇌 기능 저하가 있는 사람들은 큰 글자인 'ㄴ'보다는 작은 글자인 'ㄱ'을 먼저 본다. 이런 경우 우뇌를 활성화시키기 위해 큰 그림을 보는 연습을 한다. 작은 글자나 작은 그림으로 구성된 큰 그림, 여러 장을 가지고 빠르게 반복적으로 보게 한다. 이때 의식적으로 큰 그림에만 초점을 맞춰 보도록 한다.

경이로운 뇌

자폐스펙트럼장애나 ADHD, ADD, 아스퍼거 증후군, 강박 장애, 뚜렛증후군 아이들의 경우 주로 우뇌의 발달이 더디다. 이들은 전체적인 관점에서 보는 기술이 부족하고 세부사항에만 초점을 맞춘다. 공간 지각력이 약하고 타인의 감정을 잘 읽지 못하며 사회적 공감대를 형성하기 어려워한다. 강박적이거나 반복적인 생각이나 행동을 하고, 충동적이며 때와 장소에 맞지 않는 사회적 행동을 하기 때문에 사회 적응에 힘들어한다. 또한, 면역기능도 지나치게 항진되어서 알레르기나 천식 같은 자가면역성 질환에 걸리는 경우가 많다. 우뇌는 큰 그림을 보고 좌뇌는 세세한 부분을 보기 때문에 이들에게 작은 글자로 구성된 큰 그림을 보여주면, 작은 글자를 먼저 보는 경우가 많다.

좌뇌는 신체 우측의 감각만을 감지하는 반면에 우뇌는 신체 좌우 양측의 몸통, 어깨, 팔꿈치, 손가락, 무릎, 발가락의 위치를 항상 인지하고 있다. ADHD나 자폐스펙트럼장애가 있는 아이들은 우뇌의 이러한 능력이 부족하다. 따라서 자신의 몸을 느끼기 위해서 뼁뼁 돌거나, 손을 마구 흔드는 동작으로 정신없이 팔다리를 움직인다. 이러한 모습은 다른 사람에게 의아해 보이지만, 정작 본인에게는 생존을 위한 몸부림인 셈이다.

자폐스펙트럼장애나 ADHD는 여자아이들보다 남자아이들에게 4배 더 많이 발생한다. 출산 후 2년 동안 주로 우뇌의 발달이 일어나는데, 이 시기 남아의 뇌는 독소와 같은 주변 환경의 영향에 민감하다. 여성의 뇌는 좌뇌와 우뇌를 연결해주는 뇌량이 크기 때문에 충분한 정보 교환을 통해서 좌·우뇌가 서로 상호 보완할 수 있는 반면에, 남성 뇌의 뇌량은 상대적으로 작아서 좌·우뇌의 상호보완에 한계가 있다. 이러한 요인들은 남아들에서 자폐스펙트럼장애나 ADHD를 더 많이 볼 수 있는 이유로 설명된다. 때때로 이들 중에 특출한 계산 능력이나 암기 능력 같은 뛰어난 재능으로 세상을 깜짝 놀라게 하기도 한다. 실화를 바탕으로 한 영화 '레인 맨'의 주인공이 그러하다. 어떤 이들은 모차르트, 아인슈타인 같은 천재들을 이들과 같은 부류로 보기도 한다.

　반대로 난독증이나 학습장애는 좌뇌 기능이 떨어진 경우가 많다. 자폐스펙트럼장애나 ADHD처럼 난독증도 남아들이 여아들보다 2~3배 정도 많다. 난독증은 언어 중추가 위치한 좌뇌의 기능이 저하되어 있기 때문에 말을 이해하는데 한 박자 느리고, 말도 천천히 하는 경향이 있다. 이런 모습 때문에 학습 능력 자체에는 문제가 없는데도 불구하고 읽는 데 어려움이 있고, 쓰는 것도 힘들어한다. 결국, 공부에 관심을 두지 못하면서 학습부진아로 오해받게 된다. 그렇다고 절망할 필요는 없다. 양팔 저울의 한쪽이 내려가면 반대편이 올라가듯, 시각과 공간 지각 능력, 창의력을 담당하는 우뇌의 능력이 남들보다 매우 뛰어날 수 있기 때문이다. 이들은 글자로 된 책을 읽는 것을 힘들어하지만, 시각적 공간적 창의성을 발휘하는 분야에서는 특출하다. 애플의 제품을 디자인한 조너선 아이브가 대표적 인물이다. 초등학생 때 난독증과 학습장애 진단을 받았지만, 그의 단순하면서도 창의적인 디자인은 애플의 상징이 되었고, 사업 성공에도 큰 역할을 했다. 난독증이 좋아진다면 상대적으로 우수한 우뇌와 새로워진 좌뇌가 합쳐져서 학업에서

　　　　　　　　　　　　　　　　　경이로운 뇌

더 좋은 성적을 낼 수 있다.

　한쪽 뇌만 이용해서는 결코 뛰어난 능력을 가질 수 없다. 수학에서 좌뇌는 단순 계산이나 도식화, 논리 연산 등에 주로 관여하지만, 우뇌는 기하학이나 도형에 더 특화되어 있다. 음악도 마찬가지다. 악보 읽는 법이나 운지법, 반복되는 리듬 파악 같은 것은 좌뇌에 의존하지만, 순간의 영감을 이용한 작곡이나 즉흥 연주, 음색과 음높이를 구분하는 것은 우뇌에 달려 있다. 청각도 양 뇌를 모두 활용해야 한다. 좌뇌는 주로 말소리와 같은 고음부 소리에서 활성화되지만, 바람이 나뭇잎에 부딪히는 소리, 파도가 밀려오는 소리 같은 저음부 소리인 자연적 배경음은 주로 우뇌에서 처리되어 공간 인지에도 관여한다.

　시각적, 공간적 정보를 통합하여 큰 그림을 보도록 해주는 우뇌는 감정에 충실하여 타인과 사회에 공감하도록 하고, 세상을 직관적으로 보도록 한다. 세세한 부분에 초점을 맞춰 논리적 기반을 바탕으로 하여 상황을 패턴화, 분류화시키는 좌뇌는 언어 중추가 자리 잡고 있고 순차적, 구체적 사고 체계를 형성하도록 해준다. 인류는 주변 환경에 적응하고 이를 이용하는 과정에서 필연적으로 좌뇌와 우뇌의 분업화를 따랐을 것이다. 논리 체계에 모순된 사실을 왜곡하거나 무시하는 좌뇌는 적은 에너지를 가지고 상황을 빠르게 판단하도록 해주며, 좌뇌와는 다르게 현 상황을 있는 그대로 보는 우뇌는, 예단 혹은 패턴화로 인한 좌뇌의 자동반응에서 올 수 있는 폐해를 줄여준다. 이러한 상호보완 작용으로 인해 인간의 생존 가능성은 더 커질 수 있었으며, 이는 모든 생물의 궁극적 목적이기도 하다.

 좌·우뇌의 균형을 잘 유지해야 우리의 삶은 더 풍족해질 수 있다. 전체적인 맥락을 따르면서 세세한 부분도 놓치지 않는, 이성적 논리적으로 사고하지만 타인의 감정에도 공감할 줄 아는, 기존의 패턴과 방식을 따르지만 창의적이고 직관적으로 볼 수 있는, 현실감을 유지하면서 변화와 새로운 것을 받아들여 유연하게 대처할 수 있는 그런 능력자가 되기 위해서는 뇌의 각 영역이 조화를 이루어야 한다.

# chapter 6

---

## 여자의 뇌, 남자의 뇌

인생에서 가장 큰 행복은 우리가 사랑받고 있다는 확신이다. - 빅토르 위고

# 사냥을 나간 남자, 동굴에 남은 여자

　예전에 한 오락 프로그램에 '남녀탐구생활'이라는 코너가 있었다. 당시에 재미있게 보았는데, 한 번은 모르는 동성과 같이 있을 때의 남녀 차이를 방영한 적이 있었다. 여자들의 경우 만남 초기에 잠시의 탐색 시간을 가진 후에 언제 그랬냐는 듯이 금방 십년지기 친구처럼 친해진 반면, 남자들은 처음부터 끝까지 계속 어색함을 유지하는 장면을 보고 한참 웃었던 기억이 있다. 정말로 여자와 남자는 생각, 행동, 관심사, 대인관계 등 여러 면에서 차이가 있어 보인다. 그런데 정말 그럴까? 아니면 단지 선입견으로 그렇게 생각하는 걸까?

　인류는 수백만 년에 걸쳐 진화해왔다. 이 기간에 남녀의 뇌는 각자의 상황에 알맞은 생존 방식을 습득해 나갔다. 인류 발달의 역사 중 99% 이상을 수렵생활이 차지한다. 따라서 생존을 위해 사냥으로 식량을 구하는 뇌 작동 방식이 수백만 년을 거쳐 진화하면서 지금도 여전히 유효하다고 말할 수 있다. 수렵 시대 사냥은 주로 남성들의 몫이었다.

　　　　　　　　　　　　　　　경이로운 뇌

자, 이제 이 글을 읽는 당신이 숲 속에 사냥을 나간 남성이라고 상상해보자.

'내가 이번 사냥에 성공하지 못하면 우리 가족은 며칠을 굶을지 모른다. 사냥의 성공 여부에 가족 모두의 목숨이 달려 있다. 사냥하다가 다쳐서도 안 된다. 언제 어디서 달려들지 모르는 맹수에게도 항상 주의를 기울여야 한다. 발목을 접질려도 맹수의 밥이 될 수도 있다. 손가락에 상처가 나도 곪아서 죽을 수 있다. 나 스스로 내 몸을 지켜야 한다. 오늘은 사냥에 꼭 성공해서 빨리 가족이 있는 동굴로 돌아가고 싶다…'

야생에서는 연습이 없다. 실수가 생사를 가른다. 이런 상황에서는 사냥을 잘하는 능력과 독자적 생존 능력이 중요했다. 사냥감을 쫓아가거나 맹수를 피해 도망가기 위해서는 주변의 숲이나 나무들의 위치와 공간상의 나의 위치를 정확히 알 수 있는 공간 지각 능력도 중요했다. 또한, 수풀에 숨어 있는 사냥감이나 맹수를 발견하기 위해 주변의 모든 것에 주의를 기울이는 능력도 필요했다. 여기서 남성들의 경쟁적인 대인관계의 진화적 근원을 짐작할 수 있게 해 준다. 사냥 능력이나 생존 능력이 뛰어나면 나의 지위가 올라갈 수 있기 때문이다. 또한, 넓은 사냥터를 헤집고 돌아다니면서 생겨난 남성의 공간지각능력이 여성보다 조금은 앞선 점도 이해할 수 있다. 또한, 모든 것에 주의를 기울여야 하는 습성은 남성들의 산만함에 대한 진화론적 원인을 엿보게 해 준다. 실제로 ADHD 증상을 가지고 있는 남아의 비율은 여아보다 훨씬 높다. ADHD는 부주의하고 산만함이 특징인데, 이는 주위의 모든 것에 관심을 두는 남성 뇌의 특징에서 나온다.

그러나 여성의 경우는 달랐다. 이번에는 당신이 동굴에 있는 여성이라고 상상해보자.

'나의 뱃속에는 아기가 자라고 있다. 앞으로 수개월 더 이런 상태가 계속될 것이다. 아마 내년 봄에는 아기가 태어나겠지. 지금의 상황에서 배우자가 옆에 있으면 좋겠지만, 그는 사냥을 나가서 없다. 며칠 후에 돌아올지 모른다. 옆에 함께 의지할 다른 누군가가 있으면 좋겠다…'

동굴 속의 여성은 열 달의 임신 동안 배 속의 아기를 지키기 위해 위험하고 힘든 시간을 보내야 했다. 이러한 때에 옆의 동료는 많은 힘이 되었다. 이러한 진화적 필요성은 여성의 타인에 대한 공감 능력이 남성보다 더 비중 있게 자리 잡도록 했다.

진화론적 관점에서 보면 모든 생명체는 후손을 남겨야 한다. 결국, 자손이 많은 사람이 승자인 것이다. 다시 동굴 속의 여성이라고 상상해보자.

'내 옆에는 이제 막 걷기 시작한 아기가 있다. 지금 배우자는 사냥을 떠나고 없다. 나 혼자서 어린 자식을 돌봐야 한다. 밖에는 짐승의 울음소리가 들린다. 만약 맹수가 나타난다면 나 혼자만 도망갈 수 없다. 나는 내 곁에 있는 어린 아기를 지켜야 한다…'

이런 상황에서는 동료와의 친밀감을 형성하는 방식이 본인과 육아에 도움이 되었다. 모든 것을 옆에서 챙겨줘야 하는 아기를 혼자 키우는 것보다는 동료와 협동하여 아기를 서로 돌보고 챙겨주는 방식이 자신과 아기의 생존확률을 높일 수 있었다. 또한, 아이 아빠가 사냥에 성공해서 돌아올 수 있기 위해선 배우자 선택에 좀 더 신중을 기울여야 했다. 이로 인해 남성들은 사냥에 더 신중해졌고, 더불어 오늘날 몰래

초인종을 누르고 도망가거나 난폭 운전을 하는 것 같은 위험을 감수하는 행동을 하도록 영향을 주었다. 이러한 행동은 남성 호르몬인 테스토스테론의 수치를 상승시킨다.

자신을 더 과시하려는 경향은 남성들에게 협동보다는 다른 남성보다 서열상의 위쪽 자리를 차지하기 위해 경쟁적이면서도 공격적인 대인관계가 우선시 되게 하였다. 이처럼, 여성과 남성은 각자의 상황에 알맞은 전략을 선택하면서 차츰 뇌는 변화되었다.


## 인사동 맛집의 위치는?


뇌를 해부해보면 여자의 뇌가 표면적과 밀도는 더 높지만, 무게와 부피는 남자의 뇌가 더 크다. 변연계는 여성에서 남성보다 더 크다. 변연계는 생명 유지에 있어 필수적인 몇 가지 일을 하는데 그중 하나가 감정처리이다. 살면서 무수히 맞닥뜨리는 경험에 긍정적 혹은 부정적 느낌을 덧씌운다. 감정으로 덧씌워진 경험은 중요도에 따라 기억으로 저장되어 미래의 행동이나 판단에 지표가 되기도 한다.

여성은 변연계가 더 발달함으로써 남성들보다 더 감정적이고, 이를 잘 표현하며, 친밀한 유대관계를 맺는 능력이 발달하였다. 이는 육아에도 영향을 줘서 일반적으로 여성이 남성보다 육아를 더욱 잘한다. 이러한 유대 관계의 밑바탕은 공감이다. 공감 능력에서 거울 뉴런의 역할이 중요한데, 거울 뉴런이라 불리는 뇌 속의 신경세포는 타인의 행동이나 감정 상태를 공감하는 일을 한다. 여성의 경우 남성보다 거울 뉴런의 수가 더 많고, 이는 여성이 남성보다 공감 능력, 감정 파악 능력 등에 있어서 더 뛰어난 이유이다.

측두엽에는 베로니케영역이라는 언어를 담당하는 영역이 있다. 여성 측두엽의 이곳에는 뇌세포가 더 많이 있다. 뇌세포가 많다는 것은 그 영역에서 더 전문가임을 뜻한다. 실제 여자아이는 생후 2년 이후에 이러한 발달이 나타나기 시작하고 이는 남자아이보다 6개월 정도 빠르다. 언어 능력이 발달하면서 여성은 좌측 해마가 더 활성화되고, 남성은 우측 해마가 더 활성화된다. 이는 편도체에 의한 기억 강화 효과가 여성의 경우에는 좌측 편도체에서, 남성의 경우에는 우측 편도체에서 일어난다는 뇌 영상 기기를 이용한 실험 결과와도 일치한다. 또한, 남자의 경우, 공간 지각을 담당하는 우뇌가 좌뇌보다 큰 것과도 관련 있어 보인다.

동굴 속의 여성은 아이를 돌보고 위험을 헤쳐나가기 위해 아이와 동료와의 유대 관계가 중요했고, 이로 인해서 공감 능력이 발달한 것은 어찌 보면 당연해 보인다. 그렇다고 좋은 점만 있는 것은 아니다. 감정적 성향이 더 발달했기에 호르몬의 변화에 민감해졌다. 그로 인해 사춘기, 초경, 출산 이후, 폐경 등의 시기에 여성들은 남성들보다 우울증

경이로운 뇌

에 더 쉽게 사로잡힐 수 있다. 경인지방통계청이 2016년에 발표한 '서울 지역 청소년 통계'에 따르면 중·고등학교에 다니는 서울 청소년의 스트레스 인지 비율은 여학생이 42.4%로 남학생에 비해 11.1% 높게 나타났고, 우울감을 경험한 여학생의 비율도 31.0%로 남학생보다 8.9% 높게 나왔다. 통증도 그러하다. 동네 병원에서 볼 수 있는 만성 통증 환자의 상당수는 여성이다. 이는 통증도 감정과 결부된 느낌이기 때문에 여성은 통증에도 예민하고 민감하게 반응하는 경향이 있다.

여자와 남자의 가장 명확한 차이 중 하나는 공간지각능력이다. 뇌 영상 연구를 통해 남녀가 공간을 생각할 때, 서로 다른 부위가 작동한다는 사실이 밝혀졌다. 이는 공간을 인식하는 방식에 있어 남녀의 차이가 있음을 보여준다. 여성은 주변의 단서나 특이한 단서를 이용하고, 남성은 뇌 속의 기하학적 지도에 더 의존한다. 예를 들면 인사동 맛집 위치를 설명할 때 여성의 경우에는 '쭉 가다가 빨간색 간판이 있는 가게를 끼고 좌측으로 돈다'고 말하지만, 남성은 '100m 정도 가다가 세 번째 골목에서 좌측으로 돈다'는 방식을 이용한다.

수렵 시대 사냥을 위한 남성의 활동 반경은 매우 넓었다. 한 연구에 의하면 한 번 사냥을 나가면 매일 십수 킬로미터 이상을 걸어 다녀야 했다고 한다. 이렇게 넓은 지역을 돌아다니기 위해서는 주변 지대의 세부적인 단서보다는 전체를 아우르는 큰 지도를 머릿속에 담아두는 편이 위치를 파악하기에 나았다. 반면에 여성의 활동 범위는 이보다 작았고, 큰 지도보다는 특정 위치의 세부적 특징을 머릿속에 넣어두는 방법이 더 정확했을 것이다.

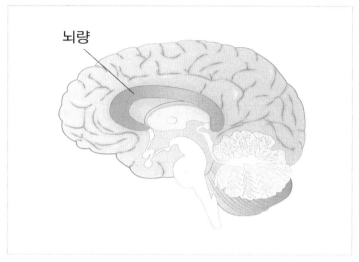

뇌량

뇌를 활용하는 방식에서도 여자와 남자는 차이가 난다. 뇌에는 좌뇌와 우뇌를 연결해주는 뇌량이라는 부분이 있다. 이를 통해 좌뇌와 우뇌가 서로 정보를 교환한다. 여성의 뇌량은 남성보다 밀도가 더 높다. 이는 여성의 뇌가 좌·우뇌의 의사소통을 통해 이질성이 덜했지만, 남성의 경우 좌뇌와 우뇌가 각자 자기 역할에 더 충실하며 분업화가 잘 이루어짐을 의미한다. 남성의 경우에는 주로 좌뇌가 언어를 담당하고 우뇌는 정서와 시각, 공간감 등을 다루지만, 여성은 상대적으로 이들 영역에서 양쪽 뇌를 같이 사용하는 경향이 있다. 따라서 여성은 정서 뇌인 우뇌와 언어 뇌인 좌뇌가 서로 원활하게 의사소통하기 때문에 감정 상태를 수월하게 정확한 언어로 표현할 수 있다. 그러나 남성은 우뇌에서 느끼는 정서적 상태를 언어의 뇌인 좌뇌로 잘 전달할 수 없기 때문에 표현하려는 말이 떠오르지 않아서 가슴만 쥐어뜯곤 한다.

추상적 문제를 다룰 때도 남성은 주로 우뇌를 이용하지만, 여성은 좌뇌와 우뇌를 모두 사용한다. 우뇌에 손상을 입으면, 그 부위에 따라 증상이 다양하게 나타날 수 있지만, 남성은 공간 지각 능력이 감소한다. 반면에 여성은 양쪽 뇌에서 통제하기 때문에 큰 차이가 없다. 그렇다고 남성 뇌의 분업화가 꼭 나쁘지만은 않다. 여성은 다른 사람과의 의사소통에 더 우월하지만, 남성은 분업화로 인해 공간 지각 능력이 앞선다. 또한, 남성 뇌는 동시에 두 가지 임무를 수행하는 데 있어 더 용이하다. 남성은 영화를 보면서 대화를 나누는 것에 큰 어려움이 없지만, 여성의 경우 동시에 서로 다른 정보가 뇌로 들어오면 두 가지 활동이 서로 방해받을 수 있다.

# 스트레스를 어떻게 풀까?

수렵 시대 남녀의 각기 다른 상황은 스트레스 관리 방식에도 영향을 주었다. 스트레스 반응은 위기 상황에서 맞서 싸우던지 도망가는 행동을 취하는 '투쟁-도피' 방식으로 널리 알려져 있다. 하지만 이는 주로 남성에게 해당이 된다.

수렵 시대에 사냥을 떠난 남성이라고 다시 상상해보자. 숲 속을 헤집고 다니다가 저 멀리서 나를 향해 달려오는 맹수를 보았다. 이때는 맹수와 맞서 싸워 고기를 얻든지 아니면 도망가는 방법밖에 없다. 하지만 여성은 상황이 달랐다. 여성은 옆에 지켜야 할 자식이 있기 때문에 무조건 도망갈 수가 없다. 그렇다고 공격성이나 힘이 남성만큼 세지 않기에 홀로 맞서 싸우기도 쉽지 않다. 이러한 상황에서 여성이 할 수 있는 최고의 선택은 아이를 보살피고 동료와 어울리는 방법이었다. 이는 남성의 투쟁-도피 방식과는 다르다.

여성은 자식을 돌보고 동료와 친밀한 관계를 맺는 방식으로 스트레스 상황을 대처했다. 어려운 상황이 닥치면 옆의 동료와 함께 힘을 합쳐 나가며 대응했다. 이때 옥시토신이 분비된다. 사랑의 호르몬이라고도 하는 이 호르몬은 자녀 양육이나 동료와 사회적 관계를 맺기 위한 정서적 유대감이나 친밀감 형성에서 중요한 역할을 한다. 옥시토신은 아이를 각인시키고 강한 유대감을 느끼게 하여 모성 행동을 촉진하고 수유를 하는 동안 모유를 분비시키며 동료와 어울리게 한다. 남성도 옥시토신을 분비하지만, 여성의 옥시토신 수용체는 남성보다 더욱 민감하여서 이 호르몬에 더욱 잘 반응한다.

오늘날에도 이러한 모습을 흔히 볼 수 있다. 카페를 가보면 친구와 이야기를 나누면서 직장 스트레스나 개인적 스트레스를 푸는 사람들을 쉽게 볼 수 있다. 일명 '수다 떨기'인데, 보통은 남성들보다 여성들이 많아 보인다. 이는 남녀의 스트레스 해소 방법이 서로 다르기에 지극히 자연스러운 현상이다. '갑질'을 통해 약자를 괴롭히거나 기물을 파손하는 행위보다는 훨씬 바람직하고 사회 친화적인 스트레스 해소 방법인 셈이다.

성호르몬은 남녀에서 큰 차이가 있다. 뇌는 여성 뇌를 기본 형태로 가지고 있지만, 태어날 때는 성별에 맞는 뇌의 특징을 가지고 나온다. 임신 이후 6~7주가 되면 여성 혹은 남성의 형태를 갖추기 시작한다. 이때 남성에게는 남성 호르몬이 분비된다. 이 중에서 특히 테스토스테론을 만드는 세포가 발달한다.

초등학교 입학 전에는 남녀 호르몬의 종류와 양은 거의 비슷하다. 그러나 여자아이는 8세 정도가 되면 여성호르몬의 양의 늘어나면서 신체는 더 완만해지고 12세 전후에 초경이 시작된다. 여성의 2차 성징을 촉진시키는 에스트로겐과 프로게스테론은 음식물의 지방을 신체 내에 재분배하는 과정을 통해 가슴이 커지고 골반이 넓어지도록 한다. 이러한 과정을 통해 여성은 1:1 정도의 지방과 단백질 비율을 지니게 된다.

남성은 남성 호르몬에 의해 뇌의 형태가 변하기 시작하고, 청소년기에 최고조에 이른다. 그러면서 목소리가 굵어지고 콧수염이 나기 시작한다. 남성의 2차 성징을 촉진시키는 테스토스테론은 근육과 뼈의 성장에 중요한 칼슘과 인과 같은 영양소의 저장 용량을 증가시키고 지방에 대한 단백질의 비율을 2~3배 높인다. 뇌에 남성 호르몬이 작용하면 공격성이 증가하고, 여성호르몬은 덜 공격적으로 만든다. 테스토스테론은 남성에서 여성보다 20배 더 많이 분비되기 때문에 남성의 공격성과 성욕이 더 강하다. 여성도 테스토스테론 수치가 높으면 성욕이 증가하고 임신할 확률도 높아진다.

　배속 태아의 뇌가 발달단계에서 많은 양의 남성호르몬에 노출될수록 더욱 남성적으로 되고 적은 양에 노출될수록 덜 남성적으로 되며, 여성도 남성호르몬에 많이 노출될수록 남성적이 되고 적게 노출될수록 더 여성적으로 된다고 보기도 한다. 그래서 성호르몬이 적절한 시기에, 적절한 부위에, 적절한 양으로 뇌에 분비돼야 사고방식, 성 역할 등에서 남녀의 차이가 생긴다고 주장하는 과학자도 있다.

　남녀의 같지 않은 시각과 사고방식은 우리를 소리 내어 크게 웃게도 하고, 대성통곡할 정도로 울게도 한다. 톱니바퀴가 서로 정확히 맞물려서 돌아가기를 바라지만, 현실은 그렇지만은 않다. 남녀의 차이를 소재로 하는 연극, 소설, 영화 등이 끊임없이 등장하고 있다는 사실만 보더라도 서로의 차이가 꽤 있어 보인다. 이는 인간이라면 어쩔 수 없이 맞닥뜨려야 하는 숙명일지도 모른다. 하지만 여기서 이야기하고 싶은 점은 남녀의 차이가 아니다. 지금은 사냥감을 찾아 배를 채우고 후손 남기기가 전부인 시대가 아니다. 우리는 아침에 눈을 뜨자마자 무수히 많은 개인적, 가정적, 사회적, 경제적, 정치적, 문화적, 환경적 고민거리들과 씨름하게 된다. 누군가는 좀 더 편안하고 안락한 삶을 위해, 누군가는 본인이 생각하는 이상적인 삶을 위해, 누군가는 꼭 이루고 싶은 목표를 위해 각자 나름대로 열심히 살아가고 있지만, 의도하든 의도하지 않든 간에 각자의 삶은 타인과 서로 실타래처럼 복잡하게 얽혀있다.

이 안에서 사회적 관계를 맺고 생활해 나가기 위해서는 남녀에게는 분명 서로에게 배워야 할 점이 있다. 이제는 남성만의 혹은 여성만의 영역이 무너지고 있으며, 여성성이나 남성성만으로는 해결할 수 없는 사회가 되었다. 이러한 시기야말로 극복해야 할 부분은 서로의 강점을 활용하여 극복하고, 인정할 부분은 서로 인정하고, 약점인 부분은 서로가 감싸준다면 더 밝고 한 단계 성숙한 사회가 되지 않을까 생각해 본다.

# chapter 7

---

## '나'란 정체성의 핵심, 기억

기억이라는 것이 없다면 인생은 결코 존재할 수 없다. 기억이 있기 때문에 비로소 인격의 통일체가 유지되고 우리들의 이성, 감정, 행위 등도 비로소 존재한다.

- 루이스 부뉴엘

# 기억이 사라지면, 영혼도 사라지는 거야

"기억이 사라지는데 행복이 무슨 소용이고 사랑은 또 뭐야. 다 잊어버릴 텐데. 나한테 잘해 줄 필요 없어. 난 다 까먹을 건데."

"난 곧 모든 걸 잊어버리게 될 거야. 자기가 내 옆에 있어도 왜 있는지도 모르게 된다고. 내 머릿속엔 자기가 없는 거야. 나도 없는 거야. 무슨 말인지 알아? 기억이 사라지면, 영혼도 사라지는 거야."

영화 〈내 머리 속의 지우개〉의 한 장면이다. 병으로 기억을 잃어가는 여주인공은 남편에게 이별을 통보한다. 가슴이 먹먹해지는 순간이다. 기억은 내 삶을 연결해주는 실타래와 같다. 이 실타래가 끊어지면 과거를 통해 현재를 살아가고 미래를 꿈꾸는 인간적 삶이 아닌 순간만이 존재하는 '어제도 내일도 없는 삶'을 살게 된다.

우리는 모두 생물학적으로 거의 똑같다. 그러나 한 사람의 살아온 이야기를 듣고 있으면, 그는 세상에 둘도 없는 고귀한 가치를 지닌 존재가 된다. 나란 사람에 관해 이야기한다면, 먼저 이름이 떠오른다. 그리고 내 가족, 내 친구들, 내 일, 내 꿈, 내 집, 내가 좋아하는 것과 싫어하는 것, 과거의 행복했던 추억과 후회했던 순간들이 생각난다. 이 모든 것들은 기억이란 실로 꿰매 져서 나의 정체성을 만든다. 기억이 사라진다면 나를 정의하는 모든 것들이 사라지는 것이다. 상상할 수도 없는 끔찍한 일이다.

물리적 측면에서도 기억은 중요하다. 피부나 장기 세포는 며칠마다, 적혈구는 4개월마다 바뀌고, 단백질 분자도 바뀐다. 인간의 모든 세포는 새로 대체된다. 물리적으로 어제의 나와 오늘의 나는 다르다. 이렇게 매일 바뀌는 나를 하나로 연결해주는 것이 기억이다.

기억은 생존을 위해서도 필수적이다. 과거 수렵채집 시대에는 저 나무에 달린 빨간 열매를 어제 맛있게 먹었는지 아니면 먹고 나서 배가 아팠는지를 기억해야 그 열매를 다시 먹거나 아니면 다른 먹을 것을 찾을 수 있었다. 저기 보이는 작은 날쌘 동물을 어떻게 잡았는지를 기억해 둬야 다음에도 사냥에 성공할 수 있었다. 이처럼 기억은 인간의 생존과 직결되었고 인간적 존엄성과 고귀한 삶을 위해서도 소중하다. 기억은 사회의 영속을 위해서도 중요하다. 문화의 전수를 통해 미래로 나아가는 사회는 기억 없이는 불가능하다. 사회가 지속되어야 나 또한 지속되기에 기억의 의미는 단지 '예전 것을 기억하는 것' 이상의 가치를 지니고 있다.

기억에 관한 뇌 연구에서 지대한 공헌을 한 인물이 있다. 그는 H.M.이라 불렸다. 당시 환자의 이름은 사생활 보호와 인권보호 차원에서 비공개되었지만, 그의 사후 '헨리 구스타브 몰레이슨'으로 밝혀졌다. 신경심리학자인 브렌다 밀너는 H.M.을 50여 년 동안 연구하면서 기억에 관한 여러 가지 사실들을 밝혀냈다.

H.M.은 7살 때 자전거를 탄 사람과 부딪혀 넘어지면서 뇌진탕으로 인해 뇌전증 환자가 되었다. 그의 증상은 점점 심해졌고, 매일같이 반복되는 발작을 치료하기 위해, 결국 1953년 27세에 뇌전증 수술을 받았다. 수술로 뇌전증을 일으키는 양쪽 측두엽 안쪽을 제거했다. 이후 발작은 상당히 줄어들었지만, 다른 심각한 문제가 생겼다. 바로 몇 분 전의 일도 기억할 수 없게 되었다. 기억의 저장고 역할을 하는 '해마'라는 부위가 수술로 절제되었기 때문이다. 그는 수 분 전에 외웠던 단어들을 기억하지도 못했고, 심지어 자기가 외웠다는 사실조차 기억하지 못했다.

H.M.은 수술 이후 새롭게 만난 사람들을 알아보지 못했다. 수십 년 동안 브렌다 밀너를 만났지만, 매번 방문할 때마다 처음 만나는 사람처럼 대했다. 하지만 그는 수 초에서 수 분 전까지는 기억할 수 있었고, 또한 어린 시절의 추억도 잃어버리지 않았다. 그의 지적 능력이나 성격은 그 전과 변함이 없었다. 여기서 기억에 관한 몇 가지 사실을 알 수 있다. 수 초에서 수 분까지 유지되는 단기 기억과 아주 오래된 기억은 해마에 저장되지 않는다는 점이다. 또한, 기억은 인지능력과 별개의 다른 뇌 기능인 것도 밝혀졌다. 브렌다 밀너는 몸으로 기억하는 기전도

경이로운 뇌

해마와는 다른 부위에서 일어난다는 사실도 밝혀냈다. 그녀는 거울을 통해서 별 모양을 따라 그리는 다소 복잡한 동작이 필요한 움직임을 매일 연습시켰고, 어제보다 오늘 더 능숙하게 그린다는 사실을 발견했다. 다른 연구자는 그를 대상으로 감정과 관련된 기억을 연구했다. 악수할 때 미세한 전기가 흘러서 상대방을 깜짝 놀라게 하는 장치를 가지고 H.M.과 만날 때 장난을 쳤는데, 다음 날 H.M.은 그 연구자를 기억하지는 못했지만, 그와 악수하려는 순간에 손을 뺐다. 이는 감정과 관련된 기억도 해마와는 다른 부위에 저장된다는 사실을 암시한다. 또한, 언어를 정상적으로 구사할 수 있는 것으로 봐서 언어와 관련된 기억도 해마와는 다른 부위에 저장된다는 것을 알 수 있었다.

그가 세상을 떠나기 전 55년 동안 120여 명의 연구자가 그를 연구해 수많은 논문을 발표했고, 기억 관련 연구에서 그의 이름이 거의 항상 등장했으니, 그는 진정한 뇌과학과 심리학의 영웅이라 할 수 있다. 어떤 학자는 그가 있었기에 뇌과학이 심리학과 결별하고 지금의 위치에 설 수 있었다고 말할 정도였다. 순간만을 살 수 있었던, 그래서 행복하지 않았을 그가 뇌과학과 심리학의 영웅이라는 사실은 가혹한 그의 운명에 대한 조그만 선물이지 않았을까 싶다.

# 천둥소리가 무서워

기억에는 여러 종류가 있다. 기억이 지속되는 시간을 기준으로 하면, 단기 기억과 장기 기억으로 나눌 수 있다. 단기 기억은 작업기억이라고도 하며, 수 초에서 수 분 동안 지속되는 기억이고, 용량은 제한적이다. 한 번에 7개 정도를 외울 수 있다고 알려졌지만, 최근의 더 정교한 연구는 4개 정도라고 주장한다.

작업기억은 특정 목적을 이루기 위해 정보를 일시적으로 저장하고 처리하는 뇌 시스템이다. 전화번호를 외워서 전화를 거는 모습을 상상하면 된다. 반면에 장기 기억은 수 분에서 몇 년 동안 지속되는 기억이다. H.M.의 경우에는 작업기억은 정상이었지만, 장기 기억은 완전히 훼손되었다. 작업기억을 담당하는 부위는 전두엽의 배외측전전두엽에 위치해서 전혀 영향을 안 받았지만, 장기 기억을 담당하는 해마는 측두엽 안쪽에 위치하기 때문이다. 무언가를 장기 기억으로 저장하기 위해서는 먼저 집중을 통한 단기 기억 저장 과정을 거쳐야 한다. 그래서 주의 집중을 담당하는 배외측전전두엽이 단기 기억 역할도 겸하는 것은 타당해 보인다. 배외측전전두엽은 장기 기억이 되기 위한 첫 관문이다.

의식적 자각의 필요 여부에 따라서도 기억을 분류할 수 있다. 의식적 자각이 필요하면 서술 기억 또는 외현 기억이라 하고 의식적 자각이 필요하지 않으면 비서술 기억 또는 내현 기억, 암묵 기억이라 한다.

경이로운 뇌

어제저녁에 무엇을 먹었는지 혹은 한 달 전 관람했던 영화 제목을 잊지 않은 것은 서술 기억 덕분이고, 자전거를 타는 거나, 번개 칠 때마다 유난히 무서워하는 것은 비서술 기억 때문이다. 서술 기억은 해마에 저장되기 때문에 H.M.은 어린 시절 이후의 기억을 모두 잊어버렸다. 알츠하이머나 만성 알코올 의존증의 경우도 발병 초기에 양쪽 측두엽 부위를 침범하기 때문에 기억력 감퇴가 초기 증상으로 나타난다.

비서술 기억은 무의식적이며 유형이 다양하다. 서술 기억처럼 과거의 경험을 통해서 얻지만, 의식적 회상으로 나타나지 않고 무의식적 행동으로 저절로 표출된다. 예를 들어 자전거 타기나 예전에 배운 골프 스윙 동작이 몸에 배어 잊지 않는 경우가 그렇다. 비서술 기억 중에서 몸으로 기억하는 기억을 절차 기억이라고 한다. 비서술 기억은 서술 기억과는 달리 신피질, 소뇌, 선조체, 편도, 뇌줄기 등의 다양한 뇌 구역에 저장된다. 대뇌는 자전거 타기처럼 단순하고 반복적인 사고 패턴이나 행동 패턴을 무의식의 영역에 보내버리고, 좀 더 예측이 필요하고 집중해야 할 다른 일에 신경을 쓰는 것이다.

비서술 기억은 감정적 상태를 유발하기도 한다. 이를 정서 기억이라고 한다. 이때 편도체가 기억 시스템에서 핵심 역할을 한다. 이러한 감정적 반응은 인간의 삶에 커다란 영향을 준다. 과거의 경험에서 얻은 긍정적 혹은 부정적 느낌을 비서술 기억 형태로 저장하고, 후에 비슷한 장소나 상황에 처하면 처음에 느꼈던 비슷한 감정적 반응을 보인다. 문제는 이를 의식적으로 회상하지 못한다는 점이다. 공포 반응이 좋은 예이다. 이것은 본능적이기도 하지만 비서술 기억에 의해 촉발되기도 한다. 예전에 천둥소리가 나는 밤에 창 밖에서 검은 물체가 다가오는 것을 봤다면, 이후에도 천둥소리가 나면 공포를 느끼게 된다. 평범한 소리나 냄새도 어떻게 경험하고 느꼈느냐에 따라 비서술 기억으로 저장되어 알 수 없는 공포감이나 행복감을 불러일으킬 수 있다.

 아기의 비서술 기억은 성인이 되어서도 지속될 수 있다. 2018년 조셀린과 프랭클린 교수는 새끼 쥐들에게 약한 전기충격으로 공포 기억을 만들고 이때 활성화된 신경세포들을 표시해 두었다. 이후 새끼 쥐들이 성장하면서 공포 기억이 사라졌지만, 표시한 신경세포들을 인위적으로 활성화시키면 다시 공포 반응을 보였다. 아기 때의 기억을 의식적으로 떠올릴 수는 없어도 그 흔적은 계속 남아있을 수 있다는 것이다. 더 나아가 이 실험 결과는 어린 시기의 경험과 주변 환경의 중요성을 보여준다. 어떤 사람은 지나치게 권위적인 태도를 지니고, 어떤 사람은 지나치게 수동적이거나 복종적인 태도를 지닌다. 이러한 차이를 만드는 이유 중의 하나는 사람을 대하는 방식이 과거의 경험을 통해 비서술 기억으로 무의식에 저장되었기 때문이다. 따라서 이러한 태도를 바꾸기는 그리 쉽지 않다.

 기억은 부작용도 있지만, 인간의 삶과 생존에서 지대한 공헌을 한다. 비서술 기억의 한 형태인 습관화도 그러한 예이다. 습관화는 처음에는 특정 자극에 깜짝 놀라 반응하지만, 시간이 지날수록 그 자극에 둔감

경이로운 뇌

해지게 만든다. 이는 생존에 중요하지 않거나 해롭지 않은 자극들을 무시하고 더 중요한 다른 일에 신경을 쓰기 위함이다. 사이렌 소리가 울린다면 처음에는 긴장하겠지만, 두 번, 세 번 계속해서 울려도 특별한 일이 발생하지 않는다면 사이렌 소리에 둔감해지는 경우가 그렇다. 성적 반응도 습관화에 의해 감소될 수 있다.

## 네 기억이 정확하다고 확신해?

인간에게 있어서 기억은 삶과 생존을 위해 필수적이지만, 안타깝게도 완벽하지는 않다. 기억의 정확성과 관련된 유명한 실험이 있다. 1986년 미국에서는 끔찍한 챌린저호 폭발 사고가 발생했다. 이 사고 다음 날 나이서와 하시는 심리학 수업을 듣는 학생들을 대상으로 사고 뉴스를 들었을 당시의 상황을 7문항으로 된 설문지로 자세히 조사했다. 그리고 2년 반이 지난 후에 같은 학생들을 대상으로 같은 설문지로 다시 한 번 조사했다. 이때 설문지 답변의 정확성을 5점 만점으로 나타내도록 했다.

결과는 당황스러웠다. 정확성에 대한 자신감은 평균 4.17이었지만, 그들의 25%만이 전에 설문지를 작성했다는 사실을 기억해냈다. 또한, 처음의 설문지와 비교해 7문항 모두 답변이 다른 학생은 25%였고, 단지

10%만 전과 비슷한 기억을 했다. 더 당황스러운 사실은 처음과 다른 대답을 한 학생들이 최초 설문지를 보고도 지금의 기억이 맞다고 집요하게 우겼다는 점이다. 9.11 테러 사건 당시에도 비슷한 실험이 행해졌지만, 결과는 마찬가지였다.

기억의 오류로 인해 한 사람의 인생이 완전히 파괴된 사건도 있었다. 1986년 미국에서 한 여성이 성폭행을 당했다. 하지만 그녀는 영리하게도 범인의 인상착의를 머릿속에 담았다. 나중에 범인을 잡기 위해서였다. 경찰은 인상착의가 비슷한 한 남자를 체포했고, 그녀는 법정에서 그 남자가 확실하다고 증언하였다. 이 용의자는 결국 수감되었고, 그로부터 14년이 지난 후에 그가 범인이 아니라는 사실이 밝혀졌다.

우리의 기억은 완벽하지 않다. 틀렸다는 증거가 있어도 기억의 오류를 인정하지 않으려 한다. 특히 감정적으로 강한 인상이나 큰 충격을 받은 사건에 대한 기억들이 더 그렇다. 이러한 기억들은 세세한 부분까지 생생하게 기억하고 있다고 '믿기' 때문에 '섬광 기억'이라 한다. 섬광 기억일수록 사람들은, 자신이 정확하게 기억하고 있다고 굳게 믿는 경향이 있다. 앞에서 언급한 챌린저호 폭발 사고나 9.11 테러 사건 당시의 기억처럼 말이다.


기억력 저하를 촉발하는 몇 가지 요인이 있다. 그중 대표적인 것이 장기적으로 지속되는 스트레스다. 스트레스를 받으면 부신에서 아드레날린과 코티졸이라는 호르몬을 분비한다. 아드레날린은 심장박동이나 혈압을 상승시키고, 각성 상태를 고조시켜서 기억을 더 생생하게 만든다. 코티졸은 혈당을 높이거나 대사 작용을 도와 신체가 스트레스 상황 하에서 비상사태를 유지하도록 만든다. 적당한 양의 코티졸은 사람을 예민하게 만들고 해마를 자극하여 기억력을 증진시킨다. 이는 타당해 보인다. 위험 순간을 기억해 둬야 나중에 비슷한 순간이 다시 오면 참고할 수 있기 때문이다.

문제는 과도하고 지속되는 스트레스다. 스트레스가 지속되어 과도한 양의 코티졸이 분비되면, 기억의 저장고 역할을 하는 해마 세포를 파괴한다. 세포 간 연결을 부식시키고, 해마를 위축시켜 기억력을 감퇴시킨다. 실제로 배양접시에 신경세포를 넣고 코티졸을 부으면, 신경세포가 쪼그라든 모습을 볼 수 있다. 더그 브렘너는 많은 외상후 스트레스 장애 환자들이 아침에 무엇을 먹었는지, 식료품 가게에서 무엇을 사야 하는지 등을 기억해내는 데 어려워한다는 연구 결과를 발표했는데, 이도 스트레스와 기억과의 연관성을 보여준다.

수면 부족은 해마의 세포 성장을 억제해서 기억력을 저하시킨다. 수면 부족도 문제지만, 너무 많은 잠도 뇌기능을 감소시킨다. 미국 국립 신경질환 및 뇌졸중 연구소는 뇌 건강을 위해서 성인의 경우는 7~8시간, 초등학생의 경우 10시간 정도의 수면을 권장한다. 수면 동안 뇌는 기억을 공고히 하는 방법보다는 망각을 최대한 줄이는 방법으로 기억을 강화시킨다. 운동도 기억력을 증진시키는 훌륭한 방법이다. 운동과 관련된 많은 연구가 있다. 그중 하나는 신경학자 스콧 스몰의 연구이다. 그는 한 집단을 3개월 동안 운동을 시킨 이후 그들의 뇌를 영상 촬영했다. 놀랍게도 운동과 관련된 뇌 부위의 변화보다는 해마 모세혈관의 부피가 30% 증가한 사실을 발견했다.

희한하게도 우리의 뇌는 현실과 상상을 잘 구분하지 못한다. 그리고 기억도 그리 믿을 게 못 된다. 인간의 기억이 정확하지 않다는 점은 불행이기도 하고, 다행이기도 하다. 떠올리고 싶지 않은 기억을 정확히 기억해내는 것만큼 괴로운 일은 없기 때문이다. '나'란 자신을 쓰라린 추억에서 보호하기 위해서도 어느 정도의 망각이나 현실 왜곡이 필요한 것 같다. 실제로 뇌는 그런 식으로 작동한다. 부정적 사건에 대한 기억을 긍정적 사건에 대한 기억보다 빨리 지우려고 한다. 뇌는 우리에게 기분 좋은 일이 일어나기 만을 바라는 염치없는 이기주의자이다. 그러면 이러한 것들을 실생활에 이용할 방법이 있을까? 지우고 싶은 흑역사를 재편집할 수 있다면 어떨까?

실제로 이러한 방법이 심리 치료에 쓰이기도 한다. 누구나 떠올리기 싫은 암울한 기억 하나씩은 가지고 있다. 수업시간에 대답을 못 해서 쩔쩔맸던 기억이 있는가? 누군가가 부당하게 비난하는데 나는 아무 말도 못 해서 얼굴이 새빨개진 기억이 있는가? 그 순간이 생각날 때마다 심장이 꿍쾅거리면서 후회가 밀려온다. 그러나 이런 기억을 재편집해서 새로운 기억으로 저장하면 심장의 요동을 상당히 줄일 수 있다. 보너스로 미래에 닥칠지 모르는 비슷한 상황에 대비해 멋지게 대처하는 연습까지 할 수 있다. 방법은 간단하다. 수업시간에 질문에 대답을 못해서 쩔쩔맸던 기억이 있다면, 멋지게 대답하는 모습으로 바꿔 넣는

경이로운 뇌

다. 부당하게 비난받았는데 아무 말 못 했던 기억이 있다면, 상대방에게 당당하게 맞받아치는 모습으로 바꿔준다. 새롭게 만든 기억을 통해 창피했던 모습을 멋진 모습으로, 화났던 모습을 통쾌한 모습으로 바꾼다면, 그때의 감정도 상당히 희석될 수 있다.

우리는 가끔 자신에게 불리한 상황은 종종 왜곡해서 기억하곤 한다. 그러면 자신을 좀 더 나은 사람처럼 느낄 수 있기 때문이다. 이러한 일은 무의식에서 일어나기 때문에 본인은 정말로 그렇게 믿고 있다. 이러한 왜곡 기억은 자기보호 본능 측면에서 보면 너그럽게 봐줄 만하다. 온전한 나로 살아가기 위해서는 아픈 기억을 때로는 지워야 할 필요도 있기 때문이다.

# chapter 8

## 나와 다른 타인 이해하기

인간은 고상한 품격을 갖고 태양계의 움직임과 구성을 간파한 신과 같은 지성을 지녔음에도 불구하고 몸속에는 아직도 지울 수 없는 미천한 근본의 흔적이 남아있다.　　　 - 찰스 다윈


# 뇌는 사람마다 다르다 그래서 우리는 모두 다르다


우리는 주위 환경을 100% 온전히 지각하고 있다고 생각한다. 보이는 그대로 세상을 보고, 들려지는 그대로 소리를 듣고, 느껴지는 그대로 감촉을 느낀다고 믿고 있다. 냄새나 맛도 그렇다. 그러나 안타깝게도 이는 사실이 아니다. 뇌는 세상을 인지하는 과정에서 외부 세상에 대한 정보를 끊임없이 수정, 편집, 왜곡, 보완한다. 매일의 일상생활에서 이를 경험하고 있다. 맹점은 이를 잘 보여준다. 망막에는 맹점이라는 부분이 있다. 이곳에는 시신경이 없어서 맹점에 상이 맺히면 볼 수가 없다. 장님이 되는 것이다. 자, 이제 한쪽 눈을 감아보자. 다른 한쪽 눈으로 보면, 시야에 안 보이는 까만 점이 보이는가? 물론 없다. 왜 맹점이 보이지 않을까? 그것은 우리 뇌가 맹점에 해당하는 부분을 편집하여 감쪽같이 없애기 때문이다. 그렇지 않다면 이처럼 보일 것이다.


　　　　　　　　　　　　　　　　　　 경이로운 뇌

왼쪽 눈을 감고 오른쪽 눈으로만 사진의 가운데를 본다면 맹점으로 인해 가운데 중앙 외측으로 안 보이는 부분(검은 점)이 존재한다. 그러나 실생활에서 이를 인지하지 못한다.

눈을 통해 들어오는 시각 정보를 해석하는 곳은 뇌이다. 그럼 뇌에서 해석이 달라지면 어떻게 될까? 당연히 다르게 보일 것이다. 고흐는 강렬한 색채, 뚜렷한 윤곽을 지닌 화풍으로 현대 미술사에 강한 영향을 미쳤다. 일부 연구자들은 이런 그의 특징을 그가 앓았던 뇌전증에서 찾기도 한다. 고흐의 집안에는 정신병력이 있었고, 일부 문헌에서 그의 발작을 언급하기도 했다. 한 연구팀은 그가 정신적으로 안정된 시기에 그린 그림에 비해, 정신 착란이 심한 시기에 그린 그림은 기체나 액체가 불규칙하게 흐르는 난류를 정확하게 묘사했다고 발표했는데, 이도 같은 이유이다.

빈센트 반 고흐의 '별이 빛나는 밤'

더욱 생생한 사례가 올리버 색스의 〈화성의 인류학자〉에 소개되었다. 꽤 성공한 화가였던 65세의 한 남성은 자동차 사고로 색을 분간할 수 없게 되었다. 사고 당시 머리 충격으로 색상의 해석을 담당하는 뇌 영역에 이상이 생겨서였다. 세상이 온통 흑백으로 보였고 색을 구분할 수 없었다. 그는 처음에는 깊은 절망감에 빠졌지만, 이내 흑백만을 이용하여 더욱 풍성한 작품 활동을 하게 되었다. 나중에는 수술로 고치자는 제안을 거절했다.

맛도 마찬가지다. 우리가 느끼는 맛은 혀를 통한 미각뿐만 아니라, 후각, 시각, 브랜드, 가격 등에 의해서 뇌에서 '만들어진다'는 것을 많은 실험에서 보여준다. 그래서 같은 음식을 앞에 두고 한 사람은 '환상적이다'라고 평가하는 반면, '엉망이다'라고 말하는 사람도 있다.

그러면 개인적 성격, 취향, 감정이나 사회적 혹은 정치적 성향은 어

경이로운 뇌

떨까? 왜 같은 것을 보고 어떤 이는 호감을 느끼고, 다른 이는 반감을 느끼는 걸까? 왜 첫눈이 내리는 풍경을 보고 포근하고 아름답다고 느끼는 사람이 있고, 짜증을 내는 사람이 있을까? 처음 보는 사람을 대할 때, 왜 어떤 이는 환한 웃음으로 대하고 어떤 이는 경계의 눈빛으로 대할까? 왜 어떤 사람은 새로운 일을 쉽게 처리하고, 어떤 사람은 긴장하며 일 처리가 더딜까? 왜 우리는 하나의 사건을 두고 다른 생각과 태도를 보일까?

이는 외부 환경에 대한 정보를 뇌에서 저마다 다르게 처리하고 해석하기 때문이다. 이러한 차이는 행동방식이나 절제력, 충동조절에도 큰 영향을 미친다. 2016년 미국 예일대 서동주 연구팀은 알코올 의존증 환자들은 스트레스를 받을 때 뇌 반응이 다르다는 것을 밝혀냈다. 연구팀은 20대 성인 30명을 대상으로 테러와 폭력 관련 사진을 지속해서 보여주며 스트레스 반응을 유도하고 그들의 뇌를 기능성 자기공명영상으로 촬영하였다. 알코올 의존증 환자들의 경우, 복내측전전두엽과 좌측 외측 전전두엽이 정상집단에 비해 과소 활성화되는 경향을 보였다. 정상집단에서도 스트레스를 받으면 이들 부위의 활성이 저하되었지만, 일정 시간이 지난 후에는 다시 정상 상태로 되돌아왔다. 반면에 알코올 의존증 환자들은 계속 저하된 상태를 보였다. 이들 부위는 감정 통제와 불안감 조절 역할을 하는데, 그러한 기능이 제대로 작동하지 않으면 스트레스로 인해 불안한 감정에 휩싸이게 되고 충동을 조절하지 못하게 된다. 이는 알코올 의존과 같은 부적절한 스트레스 대처로 이어지게 한다.

다이어트에 번번이 실패하는 사람들의 뇌에서도 비슷한 현상을 볼 수 있다. 캐나다 맥길 대학 다허 교수 연구팀은 2018년 성인 남녀 24명을 대상으로 일정기간 동안 하루 1200kcal만 섭취하도록 하였다. 그리고 실험 전, 1개월 후, 3개월 후에 음식 사진을 보여주며 그들의 뇌를 영상 검사하였다. 실험참가자들에게 고칼로리의 음식 사진을 보여 보자 실험 전에는 동기, 욕망, 가치와 연관된 복내측전전두엽이 활성화되었지만, 시간이 지나면서 이 부위의 활성도가 감소한 것을 확인했다. 이는 음식을 억제하려는 뇌의 시도로 인한 것이다. 실험이 진행됨에 따라 피실험자들의 뇌에서 자기 통제와 관련된 외측 전전두엽의 활동이 증가하고, 가치 영역인 복내측전전두엽의 활동이 감소한 것을 확인할 수 있었다. 특히 가장 성공적인 다이어트를 한 사람들의 복내측전전두엽 활동이 가장 크게 감소하였고 외측 전전두엽의 활동은 지속해서 증가했다.

2018년 독일의 카롤리네 슐루터 교수 연구팀은 일을 꾸물거리는 사람의 편도체는 전방대상회와의 연결이 약하고 일반 사람들에 비해 편도체의 부피가 크다는 연구 결과를 발표했다. 연구팀은 정신 장애가 없는 남녀 264명을 대상으로 일을 미루지 않고 끝맺음을 하는 성격인지 미루는 성격인지를 검사하고 이들의 뇌 여러 부위를 측정하여 이러한 결론을 얻었다. 편도체는 특정 사건에 감정적 가치를 입히는 일을 한다. 특히 부정적 감정에 민감한데, 어떤 상황 하에서 특정 행동이 부

경이로운 뇌

정적 결과를 초래할 것 같으면 이를 경고하는 역할을 한다. 전방대상회는 편도체의 이러한 정보를 이용하여 어떤 행동을 실행에 옮길지를 선택한다. 이때 선택된 행동을 성공적으로 실행하기 위해 다른 감정과 행동을 억제해야 한다. 그러나 꾸물거리는 사람은 편도체와 전방대상회의 연결이 약해 행동 통제가 제대로 이루어지지 않아서 행동을 주저하게 된다. 이들의 편도체 부피도 다른 사람들에 비해 더 큰데, 이는 편도체가 더 강한 영향을 준다는 의미이다. 이들은 부정적 측면에 더 과하게 몰입하여 더 큰 불안을 느껴서 더 주저하고 더 미루게 된다.

결국 일을 시작하지 못하고 꾸물거리는 사람으로 낙인찍히고 만다. 하지만 그들의 입장에서는 억울한 면이 있다. 다이어트에 실패하거나 일을 꾸물거리는 것은 그들의 의지가 빈약하거나 게을러서가 아니기 때문이다. 얼굴 생김새가 다르듯 사람마다 뇌의 생김새가 다르기에 다양한 사람들이 존재한다. 하지만 현실에서 그런 것들을 고려하여 평가하기는 거의 불가능하다.


요즘 우리나라에서는 사회적 혹은 정치적 대립을 다루는 뉴스를 자주 접할 수 있다. 남녀에 대한 인식, 외국인에 대한 시선, 정치와 북한에 대한 견해 등이 그렇다. 두 집단이 서로 극명하게 맞서 다른 주장을 말하고 있다. 각자 자기주장의 정당한 논리를 확신하며 상대방은 틀렸고 멍청하며 나는 맞다고 믿는다. 상대방을 향해 '왜 저들은 거짓 주장을 일삼으며 좀처럼 진실을 받아들이지 못할까?'라고 비난한다. 하지만 진짜 문제는 사고 처리 과정이나 해석하는 데 있어 '고유'의 편집과 왜곡을 거치기 때문에 각자의 판단이 그렇게 객관적이지 않다는 점이다. 마치 풍경화를 그리고 '난 있는 그대로를 그렸어'라고 말하지만, 하늘에 떠 있는 구름 색과 모양, 햇빛을 받은 들판의 알록달록한 색의 변화, 바람에 흔들리는 나뭇가지의 움직임 등이 화가의 관점에 따라 다르게 나타나는 것과 비슷하다.

이러한 사실은 타인을 이해할 수 있는 꽤 의미 있는 단서를 제공한다. 우리는 모두 다른 환경에서 성장하면서 매일 다른 경험을 한다. 이러한 경험을 통해 뇌에 새로운 신경 연결이 생기거나 기존 연결이 더 강해지거나 약해지거나 사라진다. 일상의 대화에서부터 개인적 사회적 생활의 모든 경험이 당신 뇌의 세부 구조를 변화시키고 있다. 결국, 나와 우리 각자는 세상에 하나뿐이 없는 뇌를 소유하게 된다. 그러면서 완벽하지는 않지만, 나만의 세상을 해석하는 방식이 만들어진다. 그러기에 각자의 생각이 다른 것은 당연하다.

이는 나와 다른 주장을 하는 상대방이 고집불통의 거짓말쟁이가 아닐 수도 있을뿐더러, 나의 주장도 그렇게 객관적이고 논리적이지 않을 수 있다는 점을 알려준다. 상대방과 나 자신에 대한 열린 태도야말로 대립과 비난이 아닌 화해와 상생으로 우리를 인도해줄 수 있다. 인간의 이기심, 허영심, 나약함, 변명 같은 통속적인 면들도 그러하다. 이러한 것들은 경험에 의해 형성된 의식적 혹은 무의식적인 사고와 생존 본능이 어우러진 뇌의 산물이다. 그렇기에 저속하다고 여겨지는 것들을 하찮게 보거나 경멸할 필요가 없다. 오히려 그것을 인정하고 올바르게 생활에 적용할 수 있는 능력을 키울 필요가 있다.

경이로운 뇌

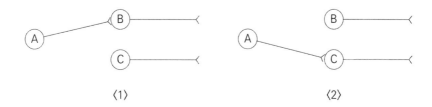

〈1〉 〈2〉

경험에 의해 신경세포 A는 신경세포 B와 연결(그림 1)될 수도 있고 신경세포 C와 연결(그림 2)될 수 있다. 신경세포 A가 어느 신경과 연결되었느냐에 따라 다른 반응이 나온다. 예를 들어 남녀가 응시하는 장면을 보고 그림1의 경우는 '사랑의 눈빛'을 볼 것이고, 그림2의 경우는 '증오의 눈빛'을 볼 것이다.

# 인싸가 되고 싶어

초등학교 고학년 딸을 둔 친구가 있다. 어느 날 저녁 그는 딸과 단둘이 식사하게 되었다.

"학교생활은 재미있고? 친구들은 어때?"

딸은 불평하듯 대꾸했다.

"난 존재감이 없어. 존재감이 제일 중요하단 말이야. 그래야 인기도 있고"

친구는 딸을 설득하려고 장황하게 말을 늘어놓았다.

"존재감이 그리 중요하지 않아. 지금 친구도 중학교 가면 헤어지고 새로운 친구를 만나게 돼. 성인이 되면 다시 새로운 친구가 생기고. 친구를 억지로 사귀는 것보단 너의 일을 열심히 한다면 좋은 친구들이 저절로 생겨. 친구를 위한 친구는 그리 바람직하지 않아. 그러니 너무 신경 쓰지 마."

슬프게도 친구의 설득은 전혀 도움이 되지 않았다.

자녀의 친구 문제가 걱정거리인지 아닌지를 부모가 판단하는 것은 중요하지 않다. 아이들의 입장에서 집단에서 배제된다는 것은 커다란 두려움이다. 이것의 내면에는 '본능적 생존 욕구'와 연관되어있다. 인간은 초기 인류 이전부터 무리를 이루며 살아왔다. 무리를 이루어야 외부의 위협과 생존의 문제에서 더 유리하기 때문이다. 먼 과거 시대에는 집단에서 배제된다는 것은 곧 죽음을 의미했다. 이들에게 집단 내에서 잘 어울리느냐 그렇지 않냐의 문제는 곧 생존의 문제인 것이다.

특히 성장기 청소년들은 자신과 주변 환경과의 관계에서 오는 감정적 반응에 더욱 민감해진다. 그들의 뇌에서 특정 부분이 더 활성화되기 때문이다. 이곳은 내측전전두엽이다. 인간이라면 성인이 되는 과정에서 내측전전두엽이 더욱 활성화되도록 태어났다. 이는 성장기 아이들의 감정 조절은 그들의 의지 문제가 아니라는 점을 보여준다. 의지로만 해결할 수 없는 인간의 숙명이다. 때문에 그들에게 의식적으로 조절하기를 강요하는 것은 무리가 있다.


때로는 어리석어 보이기까지 하는 인간의 행동을 진화생물학적 관점에서 보면 좀 더 쉽게 이해할 수 있다. 그러기 위해서는 뇌와 관련된 두 가지 사항을 먼저 알아야 한다. 첫 번째는 인간을 포함한 모든 생물체의 궁극적 목적은 '생존'이라는 점이다. 집단 간의 갈등, 타인의 성향이나 성격, 외상 후 스트레스 장애, 트라우마, 남녀의 차이, 주의력 결핍, 난독증 등도 이런 맥락에서 바라보면 좀 더 이해하기 쉬워진다.

두 번째로 알아야 할 것은 우리가 생각하기에 인간은 엄청난 문명을 일궈낸 위대한 뇌를 가졌다고 생각할 수 있지만, 한 편으로는 석기시대의 뇌와 크게 다르지 않다는 점이다. DNA 상으로 가장 가까운 침팬지나 보노보와 인류의 조상이 갈라선 지는 약 5백만 년이 되었다. 이후 돌조각 같은 구석기 유물을 남겨놓은 것이 250만 년 전이다. 이후 진화를 거듭하다 현재 인류의 모습을 갖춘 것은 약 20만 년 전이고 농경 생활을 시작한 것은 약 1만1천 년 전이다. 인류 역사의 99% 이상은 수렵과 채집으로 먹고살았던 구석기시대이다. 뇌만 고려해보면 이러한 관점은 더 분명하다. 뇌 진화의 역사는 훨씬 이전부터 시작하였고 수천만년이 넘는다. 인류가 문명화된 모습을 이룬 것은 전체 뇌 진화 역사의 0.1%도 되지 않는다.

이것은 아무리 우리가 똑똑한 뇌를 가지고 있다고 주장할지라도 두개골 안에 인간의 뇌는 석기시대의 뇌와 별반 차이가 없다는 의미이다. 우리는 자신을 스스로 합리적 이성과 지성을 통해, 주먹보다는 머리를 이용해 우아한 방식으로 문제를 해결하고 있다고 믿고 있지만, 우리 뇌에는 사냥과 수렵을 하던 시대의 뇌 작동 방식이 여전히 남아있다.

첫 번째와 두 번째를 결합하여 생각하면 인간 뇌의 특징은 좀 더 분명해 보인다. 인류는 수백만 년의 시간을 거치면서 습득된 석기 인류의 생존 방식을 DNA를 통해 후손의 뇌에 설계도를 남겼다. 문제는 이러한 설계도가 생각만큼 완벽하지 않다는 점이다. 그에 따른 부작용도 역시 우리가 해결할 과제이다.

　다시 집단에 속하려는 원초적 본능 이야기로 돌아가 보자. 차이가 없는 두 집단을 경쟁시키면, 적대감, 경멸적 편견 등 사회적 갈등 징후들이 실제로 생긴다. 경쟁에서 이기기 위해, 혹은 집단 내에 소속감을 느끼기 위해 막대한 금전적 손해를 감수하기까지 한다. 참고로 언급하면 이를 교묘히 이용해 경제적 혹은 사회적 이득을 취하려는 간사한 사람들도 적지 않다.

　집단이라는 테두리가 아이들의 행동에 미치는 영향을 잘 보여주는 1950년대 연구가 있다. 외떨어진 숲 속 캠핑장에 어린이들을 두 집단으로 나누어 컵스카우트 야외 활동처럼 합숙시켰다. 합숙 동안 야구 게임을 통해 두 집단을 서로 경쟁시키며 이들의 행동을 관찰했다. 그러자 어느 날부터 두 집단은 서로를 '적'으로 간주하고 공격적으로 대하기 시작했다. 집단에 속하기 전에는 개개인에 대해 편견이 없던 아이들이 집단에 속하자 다른 집단을 공격하기 시작한 것이다. 재미있는 점은 이어지는 연구 결과이다. 두 집단에 수도관 고장 해결이나 트럭 밀어주기와 같은 협동을 통해 상황을 해결할 수 있는 목표를 주자 두 집단 간 갈등이 현저히 줄어들었다.

　어른도 크게 다르지 않다. 오히려 어른의 경우는 더 끔찍한 결과를 초래할 수 있다. 우리는 타인의 고통이나 슬픔을 보면 내 마음도 편치 않다. 이를 공감이라고 한다. 그러면 내가 속한 집단의 사람에 대해 느끼는 공감과 다른 집단의 사람에 대해 느끼는 공감이 비슷할까? 이에 관한 실험이 있다. 데이비드 이글먼과 연구팀은 여러 종교의 사람들을 대상으로 통증을 일으키고 이를 지켜본 사람의 고통 공감지수를 조사했다. 특정 종교인의 손을 바늘로 찌르는 화면을 보여주면서 화면에 손의 당사자가 믿는 종교를 표시하였다. 결과는, 개인차가 어느 정도는 있었지만, 평균적으로 피험자의 뇌는 같은 종교인에게 더 강한 고통 공감반응을 보이는 것으로 나타났다. 흥미로운 것은 같은 무신론자끼리도 더 강한 공감반응을 보였다는 점이다. 단지 화면 속에 종교를 표시한 단어 '하나'만으로도 우리의 고통 공감반응이 상대방에 따라 다르게 나타났다. 놀라운 결과이다.

그럼 집단으로부터 소외당하면 어떤 일이 벌어질까? 나오미와 동료들은 한 사람이 다른 두 사람과 컴퓨터 상에서 공을 주고받는 놀이를 하는 실험을 했다. 사실 다른 두 사람은 컴퓨터이지만, 실험참가자는 사람으로 알고 있다. 놀이가 시작한 후, 얼마간의 시간이 지나자 참가자를 배제하고 컴퓨터끼리만 공을 주고받았다. 이 순간에 참가자의 뇌를 스캔했다. 놀랍게도 참가자의 뇌에는 육체적 통증을 느낄 때와 같은 뇌 구역이 활동했다. 즉 소외될 때의 심정을 육체적인 통증, 예를 들면 발을 찧어서 아픈 통증과 동일하게 뇌에서 느꼈다.

또 다른 실험에서는 우리가 아플 때 먹는 타이레놀을 복용한 후 집단 게임에서 소외되었을 때의 심정을 수치로 측정했다. 타이레놀을 복용한 참가자들은 그렇지 않은 참가자들보다 상실감을 덜 느꼈다. 이러한 결과도 소외됨으로 인한 상실감을 육체적 통증과 같은 것으로 뇌에서 취급하기에 나온 것이다. 만약 주변의 누군가가 실연의 고통으로 괴로워한다면 빨리 타이레놀 복용을 알려주길 바란다.

인간은 본능적으로 집단에 속하기를 원한다. 집단에서 배제되면 통증을 느끼기도 한다. 또한, 집단 내부의 사람들과 집단 외부의 사람들에게 다른 공감반응을 보인다. 이러한 사실들을 종합하면, 하나의 집단이 집단 외부의 사람들에게 적대적으로 대하는 현상을 이해할 단서를 제공한다. 만약 여기에 집단의 비이성적 의사 결정과 만난다면 그 결과는 어떻게 될까?

집단이 비이성적 판단을 내리는 모습을 우리 사회에서 흔히 볼 수 있다. 특히 정치 집단을 보면 그렇다. A 집단이 B 집단을 상대로 협상을 벌이고 있다고 상상하자. A 집단의 한 구성원이 "우리 요구 5개를 관철할 수 있다면 협상을 시작하자"라고 말한다. 그러자 옆에 구성원이 "무슨 소리야! 10개는 돼야지"라며 소리를 높인다. 이에 다른 구성원이 "모두 아니면 안 돼!"라고 하자 다른 구성원은 "아니야. 협상도 필요 없어. 우리끼리 알아서 하자!"라며 주장한다. 이런 모습을 생각보다 자주 목격할 수 있다. 그 바탕에는 집단내 구성원들이 의사 결정 과정에서 더 적극적으로 나서서 다른 구성원들에게 잘 보여 더 높은 위치에 올라가려는 욕심이 있다. 그래서 더 극단적인 주장을 하게 되며, 이는 실제로 의사 결정에 상당한 악영향을 미친다. 타 집단에 대한 적개심이 이처럼 집단의 비이성적 의사 결정과 결부된다면 끔찍한 결과를 초래할 수 있다.

유사 이래 믿고 싶지 않은 암흑기가 있었다. 20세기 이후만 보더라도 나치의 유대인 학살, 일본의 난징 대학살, 미얀마의 로힝야족 학살 등 너무나 많은 일이 벌어졌다. 몇 년 전 한 덴마크 언론인의 SNS에 올라온, 팔레스타인 자치구를 폭격하는 광경을 불꽃놀이 즐기듯 구경하던 이스라엘인들의 사진도 큰 충격을 주었다. 집단학살 같은 현상을 이해하기 위해서는 뇌 과학만으로 설명하기는 부족하다. 역사적, 정치적, 사회적, 경제적 상황을 고려해야 한다. 그러나 이러한 행위들이 21세기에도 여전히 가능한 이유에는 인간의 뇌 작동 방식에도 그 원인이 있을 것이다.

우리나라도 마찬가지다. 사악한 정치인의 구태의연한 지역감정 전략이 아직도 효과를 발휘하는 이유도 같은 연유에서이다. 그들은 집단에 속하려는 인간의 본능적 욕구를 간교하게 이용해 '우리'와 '저들'이라는 이분법적인 시각으로 세상을 보도록 자극하여 민족주의, 더 작게는 지역주의, 혈연주의, 학연주의라는 테두리에 갇히게 한다. 결국 '저들'을 제압하기 위해서 우리는 단결해야 한다는 거짓 주장에 쉽게 현혹당한다.

집단을 이루면 생존하는 데 있어 많은 장점이 생긴다. 현재 우리가 먹고사는 데 필요한 모든 일이 사회라는 테두리 안에서 많은 사람의 협동이 있었기에 가능했다. 그러기에 우리는 사회를 이루어 살려고 한다. 그러나 '집단'이라는 테두리로 인해 타인에 관한 판단을 포함하여 우리의 생각과 느낌, 행동방식까지 의식적 또는 무의식적으로 조종받게 되는 원치 않는 부작용도 떠안았다. 이에 대한 해결은 우리의 몫이다. 이제 우리는 집단의 가해자 혹은 피해자가 되지 않기 위해 자신을 경계해야 할 의무도 같이 짊어지게 되었다.

## 글자만 보면 머리가 아파

나에게는 사랑스러운 세 명의 아이들이 있다. 아이들이 어렸을 때, 오랜만에 친구를 만나면 매번 듣는 질문이 있었다.

"아이들은 잘 크고? 셋 키우는 데 힘들지 않아?"

그러면 이렇게 대답했다.

"아직 인간이 안 되었어. 막내는 대략 1/2 정도의 인간이고, 둘째는 90% 인간이지. 다행인 건 첫째는 이제 인간이 되었다는 거야. 셋 다 인간이 되려면 좀 더 시간이 지나야 해."

농담으로 한 말이었지만, 진화생물학적으로도 어느 정도 일리가 있다. 갓난아기의 뇌는 충분히 발달하지 않은 채로 태어난다. 따라서 주변 상황을 고려하여 울음을 꾹 참거나, 소변을 참고 기다리지 않는다. 아무거나 입으로 가져가기도 한다. 생존에 필요한 원시적인 행동만 하는 것이다.

고래는 태어나면서부터 헤엄을 친다. 새끼 얼룩말은 생후 1시간 안에 달릴 수 있다. 새끼 킹코브라는 태어난 지 3시간 만에 사냥할 수 있다. 많은 동물이 태어난 지 얼마 지나지 않아 독자적으로 활동할 수 있다. 이것이 가능한 이유는 동물은 거의 완성된 뇌를 가지고 태어나기 때문이다. 그들은 신체 근육을 조절할 수 있는 뇌를 가지고 태어난다. 그러나 갓 태어난 인간 아기의 뇌는 그런 조절 능력이 없다.

출산 후 많은 부모들, 특히 산모는 육아로 인해 육체적 정신적으로 힘든 시기를 보낸다. 이제 막 태어난 아기가 의젓하게 걸어 다닌다고 상상해보자. 안고 다닐 필요가 없으므로 허리가 아플 일도 없고, 커다란 유모차를 나들이 갈 때마다 챙기느라 힘들어할 필요도 없다. 하지만 그건 불가능하다. 그러기 위해선 태아는 엄마 배속에 1년은 더 머물면서 뇌가 더 성숙하기를 기다려야 한다.

이는 진화적 측면과 연관이 있다. 수백만 년 전 인간의 조상이 나무에서 내려와 직립보행을 하면서 몇 가지 중요한 변화가 생겼다. 그중 하나는 여성의 산도가 좁아진 것이다. 좁아진 산도를 통과하기 위해선 너무 크지 않은 크기인 미완성의 뇌로 태어나야 했다. 결국, 빨기와 같은 생존에 필요한 최소 기능만 보유한 채 미리 세상에 나오게 되었다. 그 시기에는 뇌를 싸고 있는 머리뼈가 서로 엇갈리면서 머리 모양이 가늘어져 산도를 통과할 수 있다.

미성숙한 뇌로 태어난 인간은 결국 부모의 보호를 가장 오랜 기간 받는 종이 되었지만, 덕분에 훨씬 큰 행운을 누리게 되었다. 뇌가 주변 환경에 맞추어 변화할 수 있는 융통성을 지니게 된 것이다. 인간은 미성숙한 뇌가 발달하는 동안 주변 상황에 적응할 수 있게 세부적 뇌 회로를 변화시킬 수 있었다. 그 결과 인간만이 북극에서부터 사막, 열대밀림 지역까지 지구의 모든 곳에서 생존할 수 있는 능력을 지니게 되었다.

출산 후 1년이 지나면 아기의 뇌는 두 배로 커진다. 이때쯤 걸음마를 시작할 수 있다. 그 전에는 머리 들기, 뒤집기, 앉기, 기기, 일어서기를 순서대로 하게 된다. 이 시기에 육아하는 부모들이 알아야 할 점이 있다. 각 단계의 시작 시기는 약간의 차이가 있을 수 있지만, 중요한 점은 각 단계를 '순서대로', '충분하게' 훈련을 해야 한다는 점이다. 만약 조급한 부모나 조부모가 옆집 아기가 앉는다며 목도 가누지 못하는 아기를 억지고 앉히거나 잘 기지도 못하는 아기를 억지로 서게 강요한다며 좀 더 참고 기다리라고 말하고 싶다. 갓난아기의 뇌 발달은 전 단계 발달을 바탕으로 이루어지기 때문이다. 현재 단계를 충분히 연습한 후에 다음 단계로 넘어가야 한다. 그렇지 않으면 이후에 문제가 나타날 수 있다. 청소년기나 성인 때 문제가 나타나기도 한다. 예를 들면 자세가 나빠지거나 오랜 시간 앉아있는 것을 힘들어 할 수 있다. 문제는 여기에만 국한되지 않는다. 자세는 주변 환경에 대한 나의 이미지를 3차원적으로 설정하는 것과 관련이 있기 때문에 공간 인지 장애가 생기기도 하며 난독증, 학습장애, 주의력결핍장애 등과도 연관 있다.

난독증 이야기를 좀 더 해보자. 난독증의 원인은 아직 정확하게 밝혀지지 않았다. 아직 많은 연구가 진행 중이다. 난독증 아이들은 글자를 따라 읽는 게 힘들어서 손가락으로 짚으며 읽기도 한다. 책을 읽기 위

경이로운 뇌

해서는 눈동자가 글줄을 따라 좌우로 정확하게 움직이는 능력이 중요하다. 이때 눈과 몸통을 움직이는 근육이 서로 조화롭게 움직여야 한다. 마치 오케스트라에서 모든 악기가 조화롭게 연주되어야 훌륭한 화음이 만들어지듯, 정확한 눈동자 움직임을 위해서는 신체의 여러 근육이 조화롭게 협력해야 한다.

만약 발달 과정에서 단계에 맞는 뇌 기능이나 근육이 충분히 연습되지 않으면, 눈동자와 신체 근육과의 협응 움직임 같은 복잡하거나 정교한 동작을 못 할 수 있다. 그래서 아기를 억지로 앉거나 서게 하는 것은 안 좋다. 난독증 아이들은 말은 유창하게 하지만 글 쓰는 것이 매우 서툴기도 하다. 이러한 생활은 학습장애로 이어지고, 결국 아이들의 자존감을 떨어뜨린다. 2014년 교육부에서 초등학교 154개교를 대상으로 조사한 결과에 따르면 100명당 5명꼴로 난독증 위험이 있다고 발표했다. 난독증은 최근 급격하게 증가하는 추세이다.

난독증의 또 다른 원인은 좌우 모양을 같은 것으로 취급하려는 뇌 성향에도 있다. 이제 막 숫자나 글자를 배우는 아이들이 좌우를 뒤집어서 쓰는 것을 흔히 볼 수 있다. 숫자 '5'나 '2'를 거울에 비친 상으로 뒤집어쓰기도 하고, 'ㄷ'이나 'ㄹ'을 뒤집어쓰기도 한다. 영어권에서는 'p'를 'q'로 뒤집어쓰기도 한다. 이러한 좌우 혼동의 원인을 수백만 년 전부터 이어온 생활 방식에서 찾기도 한다. 과거에는 이러한 방식이 생존에 유리했다. 수렵 시대에 사냥감이나 맹수의 왼쪽 혹은 오른쪽만 보고도 알아챌 수 있는 능력이 중요했다. 그래야 어느 쪽에서 이들이 나타나도 재빨리 대응할 수 있었다.

Deer ukll dan and ont KD thake you for sending me the munee. I will qut it ih my bakeeukawh and bi the way I cahn not brace enee grlls huts be cus I am home Skalle

초등학교 3학년. 철자를 틀리게 썼다. 어떤 것은 소리 나는 대로 쓰기도 했다. p를 q로 바꾸어 쓰기도 했다. 대문자로 써야 할 곳을 소문자로 썼다. 쉼표와 마침표를 적절히 쓰지 않았다.

이러한 생존적 필요성으로 인해 뇌는 좌우를 같은 것으로 취급하게 되면서, 난독증을 증가시키는 원치 않는 부작용도 떠안았다. 실제로 뇌 손상 환자들이 반대 방향으로 쓰거나, 읽는 것이 더 편하다고 느끼는 경우가 때때로 있다고 한다. 반대로 좌우 뇌의 기능이 극단적으로 뛰어나도 좌우를 뒤집어 읽거나 쓰는 것에 익숙할 수 있다. 천재들이 그렇다. 대표적인 인물이 레오나르도 다 빈치이다. 그는 글을 거울에 비친 상처럼 즐겨 뒤집어썼다.

난독증을 치료하기 위해서는 좌뇌 또는 우뇌 중에서 한쪽 뇌의 우위를 만들어줘야 한다는 견해도 있다. 좌우 뇌의 체계가 뒤엉킨 상태에서 한쪽 뇌의 우위를 만들어주면 읽기나 쓰기에 하나의 기준이 세워지기 때문이다. 읽기와 말하기와 관련된 뇌는 대부분이 좌뇌이다.

균형 있는 뇌 발달을 위해 양손도 충분히 이용해야 한다. 오른손잡이를 만들기 위해서 이른 시기부터 오른손을 강요하는 하는 것도 영유아 뇌 발달에 좋지 않다. 2~3세 때까지 양손을 번갈아 가며 사용하도록 하여 뇌를 충분히 훈련한 후에 뇌가 스스로 오른손잡이가 될지 왼손잡이가 될지를 결정하도록 하는 것이 좋다.

뇌의 가장 앞에 위치하는 전두엽은 뇌의 진화에서 가장 나중에 발달했다. 인간만의 특징을 잘 보여주는 고차원적인 기능을 담당한다. 이러한 전두엽과 관련된 증상이 주의력결핍장애이다. 전두엽은 주의를 조절한다. 이것을 생각하다가 저것으로 생각을 옮겨가게 해주는 것이 전두엽이다. 주의력결핍장애가 여아보다는 남아에게서 더 자주 관찰되는 것도 진화학적으로 이해할 수 있다. 먼 과거 수렵 시대에 사냥은 주로 남성들이 담당했고, 사냥하는 동안에 그들은 주변의 모든 것에 관심을 기울여야 했기 때문이다.

## 네 심정을 알겠어

인류 역사에서 99% 이상을 수렵과 채집으로 살아왔다. 이는 인간의 뇌는 석기시대의 뇌와 크게 다르지 않다는 것을 의미한다. 오늘날 우리는 합리적 이성과 지성의 바탕 위에 살고 있다고 믿지만, 우리의 뇌는 사냥과 수렵을 하던 석기시대 뇌와 크게 차이가 없는 셈이다. 인류의 조상 이전부터 집단을 이루어 살아왔다. 이것이 생존에 유리했기 때문이다. 무리를 지어 행동해야 위험에 더 효과적으로 맞설 수 있고, 더 다양하게 대처할 수 있었다. 모여야 힘이 된다는 것을 당시부터 깨달았다.

이러한 집단생활 방식에서 상대방의 감정을 짐작하는 것은 매우 중요했다. 상대방이 기쁜지 슬픈지, 만족한지 화가 났는지, 우호적인지 적대적인지를 구분해야 상황에 맞게 적절히 대처할 수 있고, 다음 행동도 예측할 수 있었다. 살아남기 위해서는 상대방의 감정 상태를 알아야만 했다. 감정을 알 수 있는 단서는 몇 가지가 있다. 첫 번째는 표정, 몸짓, 자세, 시선 방향처럼 신체적 움직임을 통해서다. 두 번째는 목소리의 높낮이, 말하기 도중의 멈춤, 헛기침, '음…'과 같은 비언어적 소리를 통해서다. 우리는 이 중에서 상대방의 표정을 통해 많은 정보를 얻는다.

〈종의 기원〉 저자인 찰스 다윈은 19세기에 세계 여러 곳을 다니면서 언어와 문화는 달라도 감정 상태를 나타내는 표정은 일치한다는 것을 발견했다. 그는 이후 인간의 표정은 학습으로 전달되는 게 아니고 유전적으로 전달된다고 주장했다. 이후에 심리학자인 폴 에크먼은 세계 여러 문화권의 사람들에게 표정을 보여주며 이와 부합하는 단어를 고르라고 요청했다. 또한, 1960년대까지 현대 문명과 전혀 접촉 없이 석기시대를 살고 있던 뉴기니의 한 부족을 대상으로 여러 장의 사진을 보여주면서 특정한 상황에 맞는 표정을 알려 달라고 했다. 이러한 연구들을 토대로 그는 찰스 다윈의 주장을 증명했다. 그는 인간의 기본적인 감정을 여섯 가지로 구분했다. 기쁨, 슬픔, 분노, 놀람, 혐오, 두려움이 그것들이다.

감정을 표현하는 표정은 인간 기본의 장치이기에 무의식적이다. 우리는 따로 누군가에게 배우지 않았지만, 상대방의 웃음이 진짜 웃음인지, 가짜 웃음인지를 구분할 수 있다. 특히 싫은 사람과 같이 있을 때의 억지웃음은 쉽게 구별이 된다. 이것이 가능한 이유는 무의식적 웃음과 의식적 웃음이 다르기 때문이다. 의식적 웃음은 '큰광대근'을 이용하여 입꼬리를 올려 웃지만, 무의식적 웃음은 여기에 '눈둘레근'을 이용하여 눈웃음을 더한다. 데이트 상대방이 정말로 나에게 호감이 있는지 아닌지를 판단하려면 상대방의 눈을 보면 되는 것이다.


타인의 감정을 알아채는 데는 거울신경세포란 것도 있다. 거울신경세포는 신기하게도 타인의 표정이나 행동, 몸짓만 보고도 그들의 생각과 감정을 공유할 수 있게 해 준다. 거울신경세포가 심리학에 기여할 영향은 DNA가 생물학에 준 영향에 못지않을 것이라고 말하는 과학자도 있다. 거울신경세포는 동물 실험 도중에 우연히 발견되었다. 1990년대 이탈리아의 한 대학교에서 원숭이가 먹이를 집는 동작과 관련된 뇌 부위를 연구하고 있었다. 연구 도중 우연히 뇌의 이 부위가 다른 동물이 먹이를 집는 동작을 보는 것만으로도 활성화된다는 것을 알게 되었다. 거울신경세포는 마치 거울에 비친 자기 모습을 보듯이 다른 개체의 동작을 보는 것만으로도 자기가 하는 것처럼 똑같이 반응하기에 붙여진 이름이다. 거울신경세포는 인간의 삶에 커다란 영향을 주었다. 거울신경세포는 내가 하는 행동과 타인의 같은 행동을 보는 것을 동일 시 한다. 내가 하는 것과 다른 사람이 하는 것을 구분하지 못하는 셈이다. 프로 골퍼의 스윙 동작을 보기만 해도 거울신경세포는 내가 직접 하는 것과 같은 효과를 준다. 그래서 내 스윙 동작도 향상될 수 있다.

근력 운동을 하는 것만 봐도 근력이 향상될 수 있다. 카를로 포로와 동료들의 연구에서 한 집단은 오른손 새끼손가락을 구부리는 운동을 했고, 다른 집단은 이 모습을 지켜보기만 했다. 실제 운동한 집단의 새끼손가락 근력이 50% 상승했다는 사실은 쉽게 예상할 수 있다. 하지만 놀랍게도 운동하는 모습을 지켜본 집단도 32% 향상했다. 더 신기한 점은 두 집단 모두 왼손 새끼손가락 근력도 함께 향상되었다는 점이다. 실제 운동을 한 집단은 33%, 지켜본 집단은 30% 향상되었다. 갓난아기가 엄마의 입 모양을 따라 하며 언어를 배우는 것도 거울신경세포 덕분이다. 측두엽 안쪽에 있는 섬엽이나 전두엽에 있는 언어 영역인 브로카 영역에 거울 뉴런이 많은데, 거울 뉴런을 통해 아기는 엄마의 입 모양을 흉내 내면서 언어를 습득하게 된다. 언어뿐만이 아니다. 우리가 어렸을 때부터 보고 배우는 사회적 규범과 관습도 거울신경세포 덕분에 가능하다. 우리가 어른을 보고 반갑다고 머리를 쓰다듬거나, 직장 상사의 등을 두드리며 격려하지 않는 것도 이 때문이다.

타인의 감정 상태를 공감하는 데도 중요한 역할을 한다. 상대방의 기뻐하는 표정을 보면, 거울신경세포는 내가 기쁜 것과 같은 상태로 인식한다. 그래서 우리는 상대방이 기쁘면 같이 기뻐할 수 있고, 상대방이 눈물을 흘리며 슬퍼하면 같이 슬퍼할 수 있다. '부부가 오래 살면, 얼굴이 서로 닮는다'라는 말이 있다. 이러한 현상도 거울신경세포를 이용해 설명할 수 있다. 오랜 세월 동안 같이 살면서 서로의 표정을 무의식적으로 흉내를 내다보면 사용하는 근육 패턴이 같아지고, 얼굴도 서로 닮아 가는 것이다.

하지만 여기에도 예외가 있다. 거울신경세포가 제대로 작동하지 않는 경우다. 자폐증이 그렇다. 그들은 상황에 따른 타인의 감정 상태를 이해하지 못한다. 사회적 관계에 적응하기도 힘들어한다. 누군가가 손에 든 아이스크림을 바닥에 떨어뜨렸을 때 그의 심정이 어떨지, 먼 길을 한걸음에 달려온 친구가 목이 말라서 물을 원하는지를 쉽게 알지 못한다. 동물학 박사이며, 그녀의 분야에서 우수한 업적을 이룬 자폐증 여성, 템플 그랜딘이 그러하다. 일반인들에게는 평범하게 여겨지는 사회적 관계를 맺기 위해 그녀는 많은 노력을 해야 했다. 행복감이나 만족감을 나타내는 표정의 차이를 알지 못했고, 농담을 이해하지 못했으며, 파티에서 다정스러운 눈빛의 의미를 알지 못했다. 손뼉을 박자에 맞추어 치는 것이 어려워서 다른 사람을 보고 따라 해야 했다. 이를 극복하기 위해 과학이나 역사를 공부하듯 따로 공부해야 했다. 후에 그녀는 자신의 경험을 바탕으로 하여 자폐에 관련된 여러 권의 책을 쓰기도 했으며, 그녀의 생애는 '템플 그랜딘'이라는 영화로도 만들어졌다.

미완성의 뇌로 태어난 인간은 발달 과정에서 생길 수 있는 여러 가지 부작용의 가능성을 안고 있다. 인간의 뇌는 완벽하지 않다. 인간의 뇌는 생존하기 위해 그럭저럭 모습을 갖췄을 뿐이다. 마치 서투른 기술자와 같다. 그러기에 자신의 한계를 인식하고 겸손하며 타인을 이해하고 배려할 필요도 있다.

경이로운 뇌

# chapter 9

---

# 뇌, 효율적으로 이용하기

원하는 것을 결정하고, 그것을 성취하기 위해 희생해야 하는 것을 결정해라. 우선순위를 두고, 일에 매진하라.

— H.L. 헌트

## 집중하기

어느 날 워런 버핏은 그의 개인 비행기 조종사인 스티브에게 인생에서 꼭 이루고 싶은 25개를 써보라고 했다. 스티브가 많은 생각을 한 후 25개의 목록을 작성하자, 워런 버핏은 그중에서 가장 중요한 것 5개에 동그라미를 치라고 했다. 스티브는 결정하기를 주저했지만, 워런 버핏은 오직 5개만 골라야 한다고 강조했다. 결국, 그는 고심 끝에 5개를 골랐다. 워런 버핏이 말했다.

"절대적으로 우선순위에 있는 것이 확실한가요?"

조종사는 확실하다고 답했다.

그들은 이들 5개를 이루기 위해 어떻게 할지 함께 계획을 세웠다. 이윽고 조종사는 말했다.

"워런, 이것들은 내 인생에서 가장 중요한 것들이에요. 당장 내일부터 시작할 거예요. 아니, 오늘 밤부터 시작할 거예요."

일단 상위 5개에 대한 계획이 세워지자, 워런은 다시 물었다.

"그럼 나머지 20개에 대해서는 어떻게 할 것인가요? 이것들을 위한 당신의 계획은 무엇이죠?"

스티브는 자신감 있게 대답했다.

"상위 5개가 일차 목표이고 나머지 20개도 가까운 미래에 이루도록 할 것입니다. 그것들도 여전히 중요하니까요. 5개를 이루는 동안에 간간이 나머지 것들에 대해서도 노력할 것입니다. 당장 해야 할 것들은 아니지만, 노력을 게을리하지 않을 생각입니다."

그의 말을 들은 워런의 대답은 놀라웠다.

"아니요. 틀렸습니다. 동그라미를 치지 않은 나머지 것들은 당신이 어떻게든 피해야 할 것들입니다. 당신이 상위 5개를 성공하기 전까지는 어떤 경우에도 절대로 주의를 기울이지 않아야 할 것들입니다."


이 일화를 듣고 너무 충격을 받아서 눈물이 날 정도였다. 그의 통찰력에 놀랐고, 뇌를 효율적으로 이용하는 방법을 너무나 잘 알고 있기에 다시 한 번 놀랐다. 뇌는 이용할 수 있는 에너지가 한정되어 있어서, 한 번에 많은 일을 처리하지 못한다. 뇌는 약 12W의 전류로 작동하는 데, 이는 냉장고 전구 전력의 1/3 정도이다. 따라서 한정된 자원을 최대한 활용하기 위해, 뇌는 순위를 정해서 중요한 일을 우선으로 처리해야 한다.

밴더빌트 대학의 르네 마로아의 연구는 이를 뒷받침한다. 연구 결과에 의하면 두 가지 임무를 동시에 처리한 사람은 하나씩 처리한 사람에 비해 실수는 두 배 이상, 시간은 30% 더 걸렸다. 워런은 직감적으로 뇌를 어떻게 써야 할지를 알았던 듯하다.

이러한 비밀은 워런 버핏만 알고 있지 않았다. 아인슈타인의 옷장을 열면 같은 회색 양복이 여러 벌 걸려있었다는 이야기는 유명하다. 애플의 스티브 잡스나 페이스북의 마크 저커버그도 마찬가지다. 스티브 잡스 하면, 검정 터틀넥과 청바지, 스니커즈를 신은 모습이 떠오른다. 그가 검정 터틀넥을 제작한 디자이너에게 같은 옷을 수십 벌 주문한 일화는 그의 자서전에 잘 나와있다. 주커버그가 매번 입는 회색 티셔츠도 그의 트레이드마크다. 주커버그는 한 강연에서 그 이유를 설명했다. "나는 이 사회를 위해 어떻게 하면 최대한 헌신할 수 있나 고민하는 것 말고는 최소한의 결정을 내리도록 삶을 간결하게 정리하고 싶습니다. 실제로 무슨 옷을 입나, 아침으로 무엇을 먹을까 같은 사소한 결정을 하는 과정은 당신을 피로하게 만들고 많은 에너지를 필요로 한다는 심리학 이론이 많습니다."

원하는 목적을 이루기 위해서는 우선순위를 두고 나머지 것들은 무시해야 한다. 이러한 의식적 무시를 '집중'이라고 한다. 뇌는 두 마리 토끼를 한 번에 잡는 것을 버거워한다. 집중해서 한 마리씩 잡는 방법이 성공확률을 높이는 방법이다. 만약 누군가가 지금 하는 일을 성공리에 마치고 싶다면 워런 버핏의 방법을 쓰기를 강력히 추천한다.

집중하는 능력은 성공을 위한 필수 조건이다. 여기서 보상시스템이 중요한 역할을 한다. 어떤 일에 집중한다는 것은 그 이후의 보상을 기대하기 때문이다. 보상이란 어떤 경험 이후에 오는 긍정적 느낌을 총칭해서 말한다. 뇌는 과거에 기분 좋았던 경험을 다시 하려는 경향이 있다.

인류는 수백만 년 동안 한 치 앞도 모르는 예측 불가능한 환경에서 하나의 강력한 생존 전략을 발달시켰다. 그것은 어떤 일을 한 다음에 좋은 보상을 얻으면 그 일을 계속하려 하고, 나쁜 보상을 얻으면 하지 않으려는 거였다. 따라서 보상의 정도에 따라 일에 대한 집중도가 달라진다.

발표를 잘하기 위한 보상은 사람마다 다르다. 어떤 이에게는 무언가를 해냈다는 스스로에 대한 성취감일 수 있고, 다른 이에게는 남들 앞에서 내 멋진 모습을 보였다는 자부심일 수도 있으며, 또 다른 이에게는 곧 있을 승급심사에서 높은 점수를 받는 것이거나 연봉 상승에 대한 기대감일 수도 있다. 또는 짝사랑하는 같은 팀 동료와의 행복한 결실이 될 수도 있다. 보상이야말로 뇌를 움직이는 원동력이다.

그러면 더 가치 있는 보상이 있을까? 몇몇 실험들은 이에 대한 실마리를 제시한다. 레퍼와 그의 동료들은 아이들에게 여러 가지 미술 도구를 주고 놀라고 하면서, 몇 명의 아이들에게는 특정 미술 도구를 가지고 놀면 상을 주겠다고 했다. 일주일 후에 관찰해보니, 보상을 받지 않은 아이들이 다시 미술 도구를 가지고 노는 것에 더 적극적이었다. 스스로 만족감을 느낀 아이들이 다른 사람에 의한 보상을 받은 아이들보다 더 지속적인 효과가 있었다.

마찬가지로 로체스터 대학의 에드워드 데시와 그의 팀은 많은 연구를 통해 자신이 통제권을 가지고 있다고 느끼는 사람들이 업무를 더욱 잘 수행했고 자신감도 높았다고 말한다. 이는 타인에 의한 물질적인 보상보다는 스스로 느끼는 정신적 보상이 더 강력할 수가 있다는 것을 암시한다. 보상은 반드시 물질적인 것일 필요는 없다. 오히려 자기 스스로 느끼는 만족감이야말로 최고의 보상이 될 수 있다. 깜짝 보상이나 기대 이상의 보상도 그 영향력이 배가 된다. 동영상 제작 공모전에 경험 삼아 참가했는데 동상을 받았다면 그 기쁨은 금상에 못지않다. 반대로 예상보다 적은 보상은 그 효력이 크지 않다. 금상을 예상했지만, 동상을 받았다면 그 기쁨은 슬픔으로 바뀔 수 있다.

특정 행동이 지속적으로 일관되게 보상을 받는다면 그 행동은 신경가소성으로 인해 습관이 된다. 더 이상 보상이 없어도 그 행동을 반복하게 된다. 골프 선수가 비가 오나 눈이 오나 꾸준히 스윙 연습을 하는 거나 잘한 행동을 할 때마다 꾸준히 칭찬받은 아이가 스스로 그 행동을 계속하는 것도 뇌의 보상시스템을 통해 습관이 되었기 때문이다. 하지만 보상시스템이 마냥 좋은 일만 하는 것은 아니다. 밀가루 중독뿐 아니라 알코올, 약물, 도박 중독의 저변에도 보상시스템이 커다란 역할을 한다.

보상의 가치는 전전두엽에서 평가된다. 전전두엽의 안와전두엽과 내측전두엽에서 이러한 임무를 수행한다. 인터넷 바둑을 두고 싶은 유혹을 억제하고 내가 지금 이 글을 쓸 수 있는 원동력도 나의 뇌가 이 글을 마쳤을 때의 희열을 바둑을 두는 즐거움보다 우위에 뒀기 때문이다. 전전두엽이 제대로 일을 하면 당장 욕구보다는 장기적이고 더 가치 있는 일에 우선순위를 매길 수 있다. 그러나 전전두엽이 교통사고나 뇌진탕, 질병, 불량한 식생활, 스트레스 등으로 제대로 기능하지 못하면, 억제를 못 하게 되고 당장의 원초적 욕구에 우선순위를 두게 된다. 그러면 나는 글을 마무리 짓기보다는 컴퓨터 앞에서 바둑을 두고 있을 것이다. 사실 지금도 가끔 그러긴 한다.

명상은 집중력 향상을 위한 좋은 방법이다. 세계적 기업들이 직원들에게 명상을 적극 장려하는 이유이기도 하다. UCLA의 연구에 의하면, 명상을 규칙적으로 한 사람들은 해마와 전두엽의 크기가 증가했다. 해마와 전두엽은 모두 집중력과 관계가 있다.

식생활도 집중력에 영향을 준다. 적당량의 당분 섭취는 집중력을 올리지만, 과다한 당분 섭취는 오히려 집중력을 떨어뜨린다. 예일대 존의 연구에서 25명의 건강한 아이들에게 탄수화물을 섭취하게 하고 그 이후의 반응을 검사했다. 이들은 5시간 동안 정상보다 5배 많은 아드레날린을 분비했고 집중하기 힘들어했다.

하팔라티와 동료들이 10세에서 11세 아이들을 대상으로 한 연구에서 탄산음료, 아이스크림, 과자 등으로 30% 더 많은 당을 섭취하면 불안, 우울감이 증가했고 공격성이 2배 높아졌다. 아드레날린은 스트레스 초기에 분비되는 물질이다. 이는 외부 자극에 대한 과도한 반응을 유발한다. 살짝만 건드려도 비명을 지르며 펄쩍 뛰게 한다. 아드레날린으로 적셔진 뇌는 집중하기는커녕 산만하고 안절부절못하는 상태가 되는 것이다.

대화하는 자세도 집중력을 변화시킬 수 있다. 우측 귀를 통해 들으면 상대방의 말이 더 분명하게 들려 더 집중해서 잘 들을 수 있는 반면에, 좌측 귀로 들으면 소리의 높낮이가 왜곡되어 집중력이 떨어진다는 주장이 있다. 청각 경로는 반대편 대뇌로 간다. 이러한 주장은 우측 귀로 들으면 말을 듣고 이해하는 상위 신경계인 베르니케 영역이 있는 좌뇌로 바로 가는 반면에, 좌측 귀로 들으면 먼저 우뇌를 거쳐 다시 좌뇌로 가는 동안 정보의 손실이 일어날 수 있다는 생각이다. 이를 일상생활에 적용할 수 있다. 중요한 대화에서 상대방을 약간 우측에 위치되도록 하거나 강의를 들을 때 연설자가 우측에 위치하게 자리를 잡으면 집중, 정보의 기억에 더 도움이 될 수 있다.

목표를 성취하기 위해 많은 인내와 희생을 감수하고 결국 원하는 것을 얻는 이들이 있는 반면에, 눈앞에 보이는 작은 쾌락만을 추구하는 사람들도 있다. 누군가는 그들의 강인한 혹은 나약한 의지력을 말하지만, 나는 이러한 원인이 뇌의 상태에 있다고 믿는다. 지금까지의 나의 경험, 나의 식생활, 나의 환경에 따라 뇌는 달라지고, 결국 이러한 차이가 생기게 되는 것 같다.

## 기억하기

기억력은 노력을 통해 향상될 수 있다. 이는 미국 암기 대회 우승자가 TED에서 직접 한 말이다. 우승자인 조슈아 포얼은 과학 기자였다.

어느 날 암기대회 우승자와의 인터뷰를 계기로 그도 참가하게 되었고, 결국에는 우승까지 이르렀다. 그는 이렇게 말했다.

"좋은 기억력을 가진 사람들은 원래부터 뛰어난 재능을 가지고 있다고 생각하지만, 사실 뛰어난 기억력은 배워야 하는 것입니다."

기억력을 향상하기 위해 뇌의 특성을 이용하면 많은 도움이 된다. 하지만 먼저 명심해야 할 점이 있다. 카페에서 친구와 한참 수다를 떨었는데 헤어진 후 대화 내용이 전혀 기억이 나지 않을 때가 있다. 왜 그럴까? 이유는 대화에 집중하지 않았기 때문이다. 집중은 기억을 위한 핵심 전제 조건이다. 기억력을 높이고 싶다면 가장 먼저 해야 할 점은 집중하려는 마음가짐이다. 이제 이러한 마음가짐이 준비되었다면, 기억력을 한층 업그레이드시켜줄 뇌 사용법을 살펴보자.

뇌는 특정 패턴으로 파악하고 분류하려는 경향이 있다. 세상에 존재하는 사물과 사건들을 하나하나 따지기에는 그 수가 너무 많기 때문이다. 이들을 특정 기준이나 패턴으로 나눈다면 일일이 따져야 하는 번거로움을 피할 수 있다. 그러면 뇌는 에너지 소비를 줄일 수 있고, 판단 시간도 단축시킬 수 있다. 이러한 패턴화나 분류화는 생존에서 매우 중요한 요소이기 때문에 뇌의 발달과 함께 해왔다.

실제 뇌에는 분류에 관여하는 뇌세포들이 있다. 이러한 뇌의 특성을 이용한다면 기억력이 향상할 수 있다. 양파, 돼지고기, 사과주스, 시리얼, 샴푸, 달걀, 배추, 파, 마늘, 우유, 비누, 방향제, 포스트잇을 사러 마트에 간다고 상상해보자. 이를 무작위로 외우기는 쉽지 않다. 그러나 오늘 저녁에 요리해 먹을 것(돼지고기, 양파, 배추, 파, 마늘), 나중에 두고 먹을 것(시리얼, 우유, 달걀, 사과주스), 먹지 못하는 것(샴푸, 비누, 방향제, 포스트잇)으로 분류하면 잊은 물건을 사러 마트에 다시 가지 않아도 된다.

분류 기준은 상황에 따라 다를 수 있다. 언제 먹을지에 따라 분류할 수도 있고, 사용 용도에 따라 분류할 수도 있다. 물론 다른 기준으로 분류할 수 있다. 이런저런 분류법을 연습하다 보면 자기만의 노하우가 생길 것이다. 덤으로 예전의 총명함을 되찾은 기쁨도 만끽할 수 있다.


앞서 얘기했던 워런 버핏의 일화는 굳이 외우려 하지 않아도 기억에 잘 남는다. 하지만 그 뒤에 이어지는 내용을 기억하는 사람은 그리 많지 않을 것이다. 이는 줄거리가 있는 이야기가 두서없이 설명하는 내용보다 뇌에 더욱 잘 각인되기 때문이다. 따라서 외워야 할 것들을 이야기로 만들어 서로 연결시킨다면 기억하기에 수월하다. 이때 이야기 속의 연결이 더 재미있고, 더 이상하고, 더 기이하면 기억은 더욱 선명해진다. 이는 과학적으로도 타당해 보인다.

산속을 혼자 걷고 있다고 상상해보자. 그 순간에는 바람에 나부끼는 나뭇잎소리에는 집중하지 않지만, 풀잎이 바스락거리는 소리에는 귀를 쫑긋 기울이게 된다. 이는 뇌가 익숙한 패턴이 아니라, 전에 보지 못했던 특별한 패턴에 더 집중하기 때문이다. 평소에 듣는 전화벨 소리보다 처음 듣는 트로트 전화벨 소리가 더 잘 들리는 이유이기도 하다.

경이로운 뇌

시각적 암기법도 기억에 오래 남는다. 뇌는 볼 수 없는 추상적 단어보다는 명확히 눈으로 볼 수 있는 이미지를 더 좋아한다. 뇌는 이야기를 잘 기억하고, 이미지를 선호한다. 이 두 가지를 종합하면 이상하고 기괴한 이야기를 시각적 이미지로 만들면 더 쉽게 기억할 수 있다는 결론이 나온다. 이는 실제 미국 암기대회 챔피언이 이용하는 암기법이다.

앞의 '집중하기'의 내용을 TED에 나가서 이야기한다고 상상해보자. 많은 사람 앞에 서면 심장이 두근거리고 머리는 백지가 될 수 있다. 이때 시각적 이야기를 이용해 암기하면 발표 내용을 빠뜨리지 않고 자연스럽게 말할 수 있다. 앞에서 언급한 내용은 대략 '워런 버핏과 스티브의 일화 → 뇌의 효율(12W) → 아인슈타인, 스티브 잡스, 마크 저커버그의 예 → 뇌의 특성(토끼)' 순으로 구성된다. 이야기는 실제 눈앞에서 펼쳐지는 것처럼 생생할수록 기억하기가 쉽다. 이야기를 만드는 방법은 다양하겠지만, 이렇게 만들어보았다.

다시 한 번 말하지만, '생생하게' 상상하는 것이 중요하다. 모든 감각기관을 동원하여 상상하며 읽어보자.

내 오른쪽에는 워런 버핏, 왼쪽에는 스티브와 함께 어깨동무하면서 크게 웃으며 집으로 들어간다.(워런 버핏과 스티브의 일화) 현관을 지나자마자 맞은편 흰 벽에 걸린 괘종시계가 보인다. 마침 시계는 '댕댕댕~' 12번 울리면서 12시가 되었음을 알려준다.(뇌의 효율) 거실로 들어가니 아인슈타인, 스티브 잡스, 마크 저커버그가 소파에 앉아서 나를 기다리고 있다. 그들은 내가 12시 전에 들어왔기에 상으로 갓 요리한 토끼고기를 주었고, 이를 다 같이 맛있게 먹는다.(뇌의 특성) 줄거리 수준은 초등학생보다 못하지만, 어쨌든 TED 발표에서는 확실히 도움이 될 것이다.

 약간의 긴장은 기억력을 높여준다. 버클리대 연구팀은 새로운 환경에 두거나 전기 자극을 주는 방법으로 쥐에게 2주 동안 스트레스를 주고 부검을 해보니 기억을 담당하는 헤마 세포가 더 증가한 것을 발견했다. 적당량의 긴장과 스트레스는 적당량의 아드레날린과 코티졸을 분비시켜 전두엽을 각성시키고, 해마를 자극하여 기억력을 강화시킨다. 이때 '적당량'의 스트레스가 중요하다. 지나친 스트레스는 과다한 아드레날린과 코티졸을 분비시키고 이는 오히려 전전두엽을 억제하고 해마 세포를 파괴하여 기억을 방해한다. 마치 보슬비는 나무를 성장시키고 꽃을 피우지만, 홍수는 나무와 꽃을 뿌리째 뽑아 버리는 것과 같다.
 암기할 때의 기분과 심리 태도도 많은 영향을 준다. 정서와 깊은 관련이 있는 편도체와 기억을 담당하는 해마가 서로 긴밀히 연결되어 있어서이다. 따라서 암기하고자 하는 것을 약간의 긴장을 가지고 새로운 도전을 한다는 즐거운 마음으로 임한다면 편도체를 통해 기억은 더욱 강화될 수 있다.
 암기할 때의 주위 환경이 발표할 때의 환경과 비슷한 지도 기억력에 영향을 준다. 발표할 때와 암기할 때의 환경이나 조건과 비슷하다면 발표 순간에 내용을 더욱 잘 떠올릴 수 있다. 발표연습을 할 때, 혼자서 마음속으로 외우는 것보다는 실제 발표하는 것처럼 큰 소리로 연습

경이로운 뇌

하는 방법이 더 효과적이고, 이보다는 실제 친구나 가족 앞에서 하는 방법이 발표 내용을 더욱 잘 회상할 수 있다.

무언가를 장기적으로 암기해야 할 경우가 있다면, 한 번에 몰아서 암기하는 것보다는 적당한 시간 간격을 두고 반복적으로 암기하는 것이 좋다. 한 번의 큰 자극보다는 반복적인 자극이 기억 세포를 더 잘 바꿀 수 있다. 또한, 시험을 앞두고 무언가를 새로 학습하는 것보다는 기존의 알고 있는 내용을 다시 한 번 복습하는 것이 낫다고 밝힌 연구도 있다. 그런데 아이러니하게도 새로운 내용을 학습한 참가자들이 더 높은 자신감을 보였다.

기억력에 관한 재미있는 실험이 있다. 껌을 씹으며 암기하면 기억력이 35% 증가한다는 연구 결과가 있다. 이는 턱관절 움직임이 뇌 혈류량을 증가시키면서 뇌 기능이 향상되기 때문으로 보인다. 또한, 턱관절의 움직임과 관련된 뇌 부위가 우리의 몸이 경계 상태에 돌입했을 때 관장하는 뇌 부위와 같은 이유에서도 있다. 뇌줄기의 한 부분인 중뇌는 턱관절 움직임과 관련된 정보를 받는다. 또한, 교감신경계와 밀접한 관련이 있어서 몸이 긴장 상태에 있을 때 더욱 활성화된다. 즉 턱관절을 움직이면 중뇌가 활성화되면서, 뇌는 몸이 경계 상태에 돌입하는 것과 유사한 상황으로 인식하게 되고, 그러면 아드레날린과 코티졸이 분비되면서 기억력이 강화된다. 심심할 때 낙서하는 사람들이 낙서를 잘하지 않는 사람들에 비해 기억력이 29% 좋다는 연구도 있다. 이는 시각화가 기억력을 증진시키는데, 평소에 시각화에 익숙한 생활 태도가 무의식적으로 암기에 도움을 주기 때문으로 여겨진다.

어떤 내용을 암기한 이후에는 잠시 머리를 식히는 것이 좋다. 이때 머리를 식힌다는 것은 게임을 하거나 TV를 보는 것이 아니다. 뇌가 아무 일도 하지 않도록 내버려 두는 것이다. 일명 '멍때리기'인데, 이때 뇌는 새로운 자극이 들어오지 않는 시간을 이용해 기존 기억 세포의 연결을 더욱 공고히 하여 기억이 더 오래 지속되도록 한다.

# 발표하기

나는 수년간 강의를 했지만, 지금도 첫 강의 시간만큼은 긴장된다. 아마도 적지 않은 사람들이 나처럼 남들 앞에 서는 것을 그다지 편하게 여기는 것 같지 않다. 발표를 하려고 하면, 심장이 뛰고 손에 땀이 난다. '잘할 수 있을까?' '반응이 시큰둥하진 않을까?' '발표를 못 하면 저 사람들이 나를 어떻게 생각할까?' '내가 이상해 보이진 않을까?' 등 온갖 생각들이 머릿속에서 뛰논다. 여기서 한 가지 공통점이 어렴풋이 보인다. 사실 우리가 하는 걱정들 대부분은 '남들의 눈에 내가 어떻게 보일까?'이다. 다행히 소심한 우리를 안심시킬 수 있는 연구 결과가 있다.

길로비치와 연구팀은 한 실험에서 매우 눈에 띄는 특이한 옷을 입은 실험대상자를 특정 사람들 무리에 참여시켰다. 이후에 그 사람들에게 특이한 옷을 입은 사람을 기억하는지 물어봤다. 특이한 옷을 입은 사람은 그 무리 중 46%가 나를 기억할 것으로 예측했지만, 그를 기억한 사람들은 단지 21%였다.

타인은 내가 생각하는 것만큼 나에게 그다지 관심을 두지 않는다. 내가 틀리거나 실수를 해도, 잠깐 '저거 이상하네?'하고 생각할 수는 있지만, 그걸 계속 기억하면서 발표자를 볼 때마다 '전에 실수한 멍청이군!'하고 생각하지는 않는단 얘기다. 물론 드물게 그런 사람도 있겠지만, 그건 그 사람의 사이코패스적 성향으로 돌리면 된다.

하지만 이 연구 결과만으로 발표 공포증을 잠재울 수는 없다. 여기에 몇 가지 더 도움이 될만한 것들이 있다. 하나는 '상상연습'이다. 뇌는 상상과 현실을 구분하지 못한다. 내가 머릿속으로 발표하는 상상을 하던 실제 남들 앞에서 발표하든 뇌는 같은 것으로 인식한다. 상상의 장점은 시간과 공간의 제약이 없다는 점이다. 차 안에서, 또는 샤워를 하는 동안 내가 원하는 그런 멋진 모습으로 발표하는 장면을 반복적으로 상상한다면 발표 공포증을 극복하는 데 큰 도움이 될 수 있다. 이를 더욱 효과적으로 하기 위해서는 실제 상황과 최대한 비슷하게 상상해야 한다. 청중 앞에 자신감 있게 서 있는 멋진 모습을 머릿속에 그리면서 손짓 몸짓을 하며 연습해야 한다. 최대한 실제처럼 하는 것이 중요하다. 필요하면 청각, 시각, 촉각, 후각 등 모든 감각기관을 동원해야 한다. 시선을 응시하고, 마이크의 촉감을 인지하며 자신감 있게 말하는 모습을 떠올린다. 감각 자극이 많을수록 뇌는 더욱 선명하게 인식할 수 있다.

 이렇게 열심히 준비해도 막상 발표 시간이 다가오면 심장이 두근거릴 수 있다. 이 순간에는 뇌의 불안 심리를 잠재워야 한다. 전두엽이 편도체를 억제하지 못하면서, 심장은 쿵쾅거리고 목과 손은 경직되고 땀이 난다. 이때는 뇌에 다른 과제를 주어 관심을 다른 곳으로 옮기는 방법이 있다. 화가 나거나 감정이 폭발하려는 순간에도 이 전략은 매우 유용하다. 뇌의 관심을 돌리기 위해서 천장 전등의 수를 셀 수 있다. 호흡에 집중하는 방법도 있다. 들여 마시는 숨과 내쉬는 숨에 집중한다. '내가 지금 숨을 들이마시고 있구나' '내가 지금 숨을 내쉬고 있구나!' 하며 생각을 다른 곳으로 돌린다. 발표 상황보다는 발표 내용에 집중해도 좋다. 내가 발표할 내용과 목차를 떠올리며 뇌의 관심을 분산시킨다. 그러면 뇌 안을 가득 차지하던 불안한 생각들을 한쪽 구석으로 몰아낼 수 있다. 물론 한 번의 시도로 원하는 대로 바꾸기는 쉽지 않다. 하지만 계속 노력한다면 신경가소성은 우리의 뇌를 변화시키고 결국 원하는 목표를 이루도록 안내할 것이다.

# 감정 다스리기

인터넷 뉴스를 보면 순간의 화를 참지 못해 벌어진 끔찍한 사건을 흔하게 접한다. 층간 소음이나 사소한 다툼으로 생명을 해치는 일이 공공연히 벌어지고 있다. 우리나라의 경우 10명 중 4명의 범죄자가 분노나 화를 억누르지 못하는 충동조절장애로 인해 범죄를 저지른다고 보고 있다. '참을 인忍자 세 번이면 살인도 면한다'라는 말은 '참을 인忍자 세 번이면 호구가 된다'로 바뀌었고, 이는 서로가 서로에게 눈을 부릅뜨고 있는 지금의 모습을 잘 보여준다. 감정이 요동치는 순간에 어떤 선택을 하는지에 따라 지불해야 하는 대가는 천차만별이고 어떤 경우에는 회복불능의 커다란 피해가 생기기도 한다. 하지만 때와 상황에 맞게 화를 내기란 여간 어려운 일이 아니다. 성인군자까지는 아니더라도 그 근방까지는 가야 도달할 수 있는 경지가 아닐까 싶다.

그렇다고 스트레스나 화는 무조건 피해야 할 대상이 아니다. 적절한 스트레스는 삶을 활기차게 하고 일을 효율적으로 처리할 수 있게 해 준다. 중요한 일을 기억하기 위해서도 약간의 스트레스는 필요하다. 스트레스 호르몬은 기억을 강화시키고, 면역력을 증가시킨다. 또한 상황에 따라서는 화를 내야 한다. 화는 손해를 볼 수도 있는 상황에서 내 것을 지키기 위해 할 수 있는 일종의 자기 보호 전략이다. 내가 힘들게 잡은 먹잇감을 다른 누군가가 가져간다면 화를 내어 내 것을 지켜야 한다. 그러면 나의 생존 가능성은 높아지며 나의 영향력도 커질 수 있다.

독일 오스나브뤽 대학의 미구엘 카젠과 그의 동료들은 연구를 통해 화는 장기적으로 스트레스 호르몬인 코티졸의 분비를 낮추고 스트레스로 인한 잠재적 피해를 줄일 수 있다고 말한다.

인간은 실체가 명확히 드러나지 않은 것에 대해서 막연한 두려움이나 공포심을 깃는다. 영화 '죠스'는 검붉은 바닷속에서 상어가 언제 어디서 갑자기 튀어나올지 모르기에 손에 땀을 쥐고 비명을 지르게 한다. 이를 반대로 생각해보자. 만약 상대의 정체를 안다면 그 두려움은 생각만큼 크지 않을 것이다. 보이지 않는 감정도 마찬가지다. 부정적 감정이나 느낌에 이름을 붙여 말로 표현하거나 시각적으로 표현하여 실체를 볼 수 있다면 그 부정적 감정이나 느낌이 상당 부분 해소될 수 있다.

실제로 여러 책이나 마음치료에서 이러한 방식을 언급한다. 지은이나 개발자마다 '명명하기' 또는 '이름 붙이기' 등으로 조금씩 다르게 부르지만, 이들이 말하고자 하는 바는 거의 같다. 자신이 느끼는 두려움이나 공포감, 불안감, 걱정거리를 소리 내어 말하거나 구체적 이름을 붙인다. 이렇게 하면 막연하고 두려웠던 존재가 구체적이고 인식 가능한 존재로 되면서 회피하거나 부정하던 현실을 인정하게 된다. 이 단계에 들어서면 문제를 해결하기 위한 다음 행동을 취할 수 있다.

매튜 리버맨과 연구팀은 화난 사람의 얼굴을 보여주고 대상자의 뇌를 촬영하였다. 그러면 감정과 관련된 편도체의 활동이 증가하는데, 이때 화난 사람의 이름을 알려주면 다시 편도체 활동이 줄어드는 현상을 볼 수 있었다. 화난 사람의 이름을 알게 되는 순간 대상을 객관적으로 판단하게 되기 때문이다. 자신이 현재 느끼는 감정을 단순히 말하는 것만으로도 정신적 스트레스를 상당히 줄 일 수 있다.

케이스 페트리에와 동료들은 의대생들을 두 집단으로 나누어 나흘 동안 한 집단은 지금까지 살아오면서 충격적인 경험에 대해 적게 했고, 대조 집단은 일상적인 일에 대해 적게 했다. 그리고 5일째에 두 집단 모두 B형 간염 예방 접종을 하였다. 4개월에서 6개월 후에 혈액 검사를 한 결과, 충격적인 경험을 적은 집단의 항체 수준이 대조 집단보다 훨씬 높게 나타났다.

자신이 느끼는 감정을 표현할 때는 입으로 소리 내서 말하거나 글로 쓰는 것이 좋다. 예를 들면 내일 평소와는 다르게 회사에 출근하기가 갑자기 싫어졌다고 하자. 프로젝트를 위해 그동안 너무 열심히 근무했기 때문이라고 생각하지만, 실상은 내일 프로젝트 마무리 미팅 때 나를 인정해주지 않는 직장 상사와 대면해야 하기 때문이다. 이럴 때 다음과 같이 말할 수 있다. '나는 인정받고 싶지만, 아무개는 나를 인정해주지 않는다.' 이렇게 현실을 받아들이는 순간 인정받으려는 조급함 대신에 '인정 못 받으면 어때. 난 최선을 다하고 있는데'라는 대범함과 평상심이 마음속에 자리 잡게 된다.


불명확한 존재는 잠재적 위협으로 보이고, 그에 따라 생존 회로가 작동하면서 과도한 감정 상태에 몰입하게 된다. 이 순간에 '이름 붙이기'는 불명확한 존재를 실체적이고 인식 가능한 존재로 만들어서 감정에만 충실히 하는 생존 회로가 아닌, 이성적 판단을 하는 전전두엽이 주도권을 쥐도록 한다. 그러면 상황을 좀 더 전체적이고 객관적으로 볼 수 있게 되면서 공포, 분노, 짜증, 두려움, 죄책감 같은 부정적 감정에 압도된 비이성적 흥분 상태를 한결 수월하게 달랠 수 있다. 흥분한 원인을 찾아, 그 원인이 되는 단어를 말하는 것도 강력한 효과를 발휘한다.

현재 느끼고 있는 나의 심정을 '분노', '화남', '억울', '무시', '두려움' 같은 단어로 말하는 방법은 단순하고 간단해 보인다. 그러나 생각만큼 실행에 옮기기가 쉽지 않다. 그러한 감정을 받아들이는 것조차 힘들어하는 사람도 있고, 무엇보다도 그러한 단어를 찾기 위해서는 인정하고 싶지 않은 나 자신의 초라한 모습과 직면해야 하는 경우도 있기 때문이다. 특히 소크라테스의 '자기 자신을 알라'라는 명언에 충실한, 자기 인식이 정확한 사람들은 자존감이 낮거나 경미한 우울증을 겪거나 모두에 해당하는 경향이 있다고 한다.

이를 위해서는 어느 정도의 용기와 각오가 필요하다. 자존심이 강한 사람은 "무시"라는 단어를 생각하는 것만으로도 수치스럽게 느끼고 애써 외면하려 한다. 공포에 떠는 사람은 그 원인이 되는 단어를 떠올리는 것조차 버거울 수 있다. 아픈 과거가 있는 사람은 그 힘든 때를 떠올리기가 여간 어렵지 않다. 그러나 용기를 내어 자신의 모습과 마주한다면, 그 효과는 상당하기에 충분히 해볼 만한 가치가 있다.


EFT(Emotion Freedom Technique)라는 또 다른 심리 안정 요법이 있다. 집에서 혼자서 할 수 있는 간단한 방법이다. EFT를 소개하는 책이 국내에서 여러 권 출간되었다. 이 중 맘에 드는 한 권을 골라 직접 해보기를 권한다. 이와 관련되어 기억에 남는 사람이 있다. 금융계에 종사하는 한 중년의 여성이 있었다. 그녀는 새로 전출 온 남자 후배로 인해 심하게 스트레스를 받고 있었다.

"내가 잘 챙겨주었던 후배가 있는데, 어느 날부터 동료들에게 거짓말로 내 험담을 하고 다녀요. 매일 밤 자려고 누우면 그 생각이 나서 심장이 두근거리고 잠도 안 오죠"

그녀는 불면증과 정신적 스트레스로 이곳저곳 아프면서 몸이 말이 아니었다. 그때 즈음 나는 우연히 그 사연을 듣게 되었고, EFT를 한번 시도해보기를 조심스럽게 권했다. 그러고 나서 꽤 시간이 흐른 어느 날 다시 만났다. 정확히는 지나가는 길에 나를 보려고 들렀다고 해야 할 것 같다. 그녀는 날 보자마자 환한 얼굴로 그때 이후로 증상이 신기할 정도로 사라졌다며 너무나 고마워했다.

내 경험에 의하면 EFT로 모든 경우에서 그녀의 사례처럼 단 한 번의 시도로 깜짝 놀랄 효과를 보지는 않는다. 하지만 책 한 권의 비용으로 시간도 별로 안 걸리면서 하기도 쉽고 장소의 구애도 받지 않기에 한 번쯤 시도해 볼 만하다고 생각한다. 물론 가장 중요한 부분인, 효과도 꽤 괜찮기에 가성비 최고의 심신 안정요법이라 여겨진다.

감정을 언어로 표현하면 좋은 또 다른 이유가 있다. 좌뇌에는 언어 중추가 있다. 좌뇌는 긍정적이고 다가서려는 반응을 보이는 반면 우뇌는 부정적이고 회피하려는 경향이 있다. 따라서 감정 상태를 언어로 표현하는 방법은 좌뇌의 언어 중추를 더 많이 활성화시켜 긍정적 방향으로 다가설 수 있게 한다. 자신을 나 스스로에 대한 내레이터라고 상상해보자. 지금 느끼는 감정의 원인이 되는 사건과 그것에 대한 지금의 느낌과 생각을 이야기하듯이 자신에게 들려줘 보자. 그러면 감정의 출렁임이 상당히 가라앉을 수 있다. 이때 부정적이나 냉소적으로 말하는 것보다는 긍정적인 표현으로 이야기하는 것이 좋다. '넌 그때 참 바보같이 행동했어' 보다는 '누구나 당황하면 그렇게 행동할 거야'라는 식으로 말이다. 정서적 어조와 관점은 뇌의 신경회로를 재배선한다. 부정적 관점으로 이야기하면 부정적으로 보는 경향이 더 강해지고, 긍정적으로 바라본다면 긍정적으로 보려는 경향이 더 강해진다. '오늘 하루 재수가 없었네' 보다는 '오늘 정말 흥미진진한 하루를 보냈어'라고 생각하다 보면 신경가소성을 통해 뇌의 회로는 재배선되어 '잘 헤쳐나갈 거야'라는 결론에 도달할 수 있다.

특히 말수가 많지 않은 사람들은 평상시에도 이를 적극적으로 활용하기를 권한다. 친구나 동료와 대화할 때 한 마디로 끝날 수 있는 것도 두세 마디로 하고, 경비원께 인사할 때도 날씨를 덧붙여 한 마디 더 하고, 식사를 마치고 식당을 나갈 때도 인사말로 한마디 더 한다면 좌뇌의 언어 중추를 통해 긍정적이고 적극적으로 변해 가고 있는 자신을 발견할 것이다.

화가 날 때 자신의 감정을 시각적으로 표현하는 방법이 있다. 시각적 상상을 통해 추상적인 감정의 실체를 볼 수 있다면, 감정을 다스리고

경이로운 뇌

상황을 통제하려는 전두엽이 전면에 나서도록 할 수 있다. 이때 전두엽 앞부분에 있는 안와전두엽이 큰 역할을 한다. 안와전두엽은 감정이 격해져서 위험한 행동을 할 가능성이 커지면 감정이 행동에 미치는 영향을 조절하여 원시적 충동을 억제한다.

불같이 화를 내는 사람이라면 화난 정도를 수치로 표현하여 시각화하는 방법이 있다. 남들의 평균 분노 수치를 100이라고 한다면 자신의 점수는 120 또는 그 이상으로 표현한다. 이때 막대 그래프를 머릿속에 그리면 더 선명하게 보인다. 다른 사람들보다 20만큼 올라온 내 그래프를 보면 '아, 내가 지금 지나치게 화가 난 상태구나'라고 깨닫게 된다. 자 이제 뾰족하게 튀어나온 막대 그래프가 낮아지는 모습을 상상한다. 남들만큼 100으로 낮추고 계속해서 80으로 낮아지는 막대 그래프를 상상한다. 이러한 과정을 통해 주도권이 편도체에서 전두엽으로 넘어가면서 감정적 상태를 이성적으로 바라보게 된다. 급히 흥분하는 사람들은 폭탄의 심지가 타들어 가는 장면을 상상할 수 있다. 남들보다 심지가 더 빠르게 '지지직~' 타들어 가는 장면을 상상하면 '아, 내가 지금 폭발 직전이구나'라고 느끼게 되면서 브레이크를 작동시키려고 노력하게 된다.

시각화 전략이 유용하기는 하지만, 분노의 폭발 순간에 이런저런 것들을 머릿속에 떠올리기는 쉽지 않다. 내 모든 에너지는 순식간에 눈앞의 대상을 향해 마구 폭격을 가하려 하고 있다. 하지만 남아있는 1%의 자제력을 발휘하여 심지가 순식간에 타들어 가는 모습을 머릿속에 그린다면, 분노의 폭발을 마음의 평화로 바꿀 수 있다. 더불어

한층 성숙해진 자신의 모습을 보며 흡족함까지 느낄 수 있다.

자신의 감정을 긍정적인 상태로 유지하기 위해 즐겁고 환한 표정을 지닌 가족이나 친구와 함께 시간을 보내는 방법이 있다. 상대방의 행복한 표정은 거울신경세포를 자극한다. 거울신경세포는 마치 거울에 비친 자기 모습을 보듯이 상대방의 표정이나 동작을 보는 것만으로도 자기가 하는 것과 동일시한다. 따라서 미소를 짓고 있는 친구를 보고 있으면 나도 같이 다정한 표정을 짓고 긴장이 풀어지며 기분이 좋아질 수 있다. 반대로 항상 침울하고 비관적이거나 냉소적인 사람과는 적당한 거리를 유지해야 할 필요도 있다. 같이 있다 보면 어느 순간 나도 프로불편러나 투덜이 스머프가 될 수 있다.

평상시 미소 짓는 습관도 좋다. 즐겁고 마음이 편할 때는 미소가 저절로 나오고 호흡도 느려진다. 뇌는 행복하다고 느끼면 미소와 편한 호흡으로 반응을 보인다. 놀랍게도 이는 반대 방향으로도 작용한다. 화가 나거나 기분이 상해도 억지로 거짓 미소를 지으며 천천히 호흡하면서 행복한 '척' 하면, 뇌는 '아, 지금 내가 행복하구나'라고 착각하게 되고 몸과 마음은 행복의 순간으로 돌아간다. 나 자신을 위해선 거짓 웃음이 필요하다. 구부정한 어깨를 쫙 펴는 것도 마찬가지다. 어깨를 펴고 당당한 자세를 취하는 것만으로도 자신감이 상승한다. 실수로 인해 주눅이 들었다면 더더욱 움츠린 어깨를 펴고 당당한 척할 필요가 있다.

트라우마를 극복하기 위해 예전과 비슷한 경험을 하는 방법이 있다.

이때 주의해야 할 점은 섣불리 시도하다 가는 더 심한 트라우마에 갇힐 수 있다는 점이다. 따라서 이를 시도해보고자 한다면 스스로 마음의 준비가 되었는지를 먼저 확인해야 한다. 준비되었다면 트라우마를 겪었던 상황을 재현해본다. 이때 성공적인 경험을 했다면 극복을 위한 정서적인 깨달음을 얻을 수 있다. 정서적 깨달음이란 무의식적 수준에서 이루어진다. 생존을 위해 치열하게 고민하는 무의식에 '이것을 두려워할 필요가 없어. 안전하고 아무런 해가 없어'라는 메시지를 주게 되면, 예전의 트라우마는 다시는 공포나 분노의 대상이 아닌 그저 그런 평범한 사건이 될 수 있다.

이와 관련된 연구가 있다. 매사추세츠 공과대학의 도네가와 스스무 교수가 이끄는 연구팀은 수컷 쥐에게 전기 자극을 줘서 고통을 느끼게 한 뒤에 빛을 비췄다. 그 후 A와 B 구역으로 나뉜 상자에 그 쥐를 넣고 A 구역으로 갈 때마다 빛을 비추었더니 전기 자극의 고통스러운 기억을 떠올린 쥐는 A 구역에 가지 않고 주로 B 구역에 머물렀다. 이틀 뒤 같은 쥐를 암컷 쥐와 함께 두고 12분간 빛을 비췄다. 이후 수컷 쥐를 다시 상장에 넣고 예전처럼 A 구역으로 갈 때마다 빛을 비추었지만 쥐는 더 이상 B 구역으로 피하지 않았다. 전기 자극의 고통이 암컷 쥐와의 행복한 감정으로 대체되면서 빛에 대한 공포가 사라진 것이다. 이는 기억을 저장하는 해마와 감정을 조절하는 편도체와의 연결이 바뀌었기 때문이다. 이전에는 빛에 대한 기억이 고통이라는 감정과 결합하였지만, 암컷과 즐겁게 지낸 경험 이후 빛에 대한 기억이 행복이라는 감정과 연결되었다. 이처럼 트라우마는 의식적인 수준에서 이해되지 않는다. 이는 의식적인 뇌가 어떻게 할 수 없기에 의식 너머 저편에 있는 무의식에 진정의 메시지를 전달해줘야 한다.

　평상시 호흡도 중요하다. 불안하면 호흡이 거칠어지고, 빨리 말하려는 경향이 있다. 일반적으로 분당 호흡수는 12~16회 정도이지만, 공황발작 시에는 분당 호흡수가 27회 이상이 된다. 이러한 과호흡 상태가 되면 이산화탄소의 농도가 낮아지면서 혈액의 pH가 올라간다. 그러면 신경세포는 더욱 민감해지고 마비감, 손발 저림, 어지럼증, 심장 두근거림과 같은 이상 증상들이 나타난다. 들이마시는 숨은 교감신경이, 내쉬는 숨은 부교감신경이 관장하다. 교감신경은 긴장 상태나 스트레스 상황에서 작동하는 신경이고 부교감신경은 편안하고 이완된 상태, 밥 먹고 소화를 시키면서 트림이 나오도록 하는 신경시스템이다. 따라서 편안한 상태를 유지하려면 부교감신경이 더 많은 일을 하도록 해야 한다. 이를 위해 평상시에 내쉬는 숨을 더 길게 하면서 천천히 깊게 호흡한다면 교감신경이 몸과 마음을 지치게 하는 것을 예방할 수 있다.

# chapter 10

## 뇌를 더욱 건강하게 유지하는 방법

시간이 없다. 인생은 짧기에, 다투고 사과하고 가슴앓이하고 해명을 요구할 시간이 없다. 오직 사랑할 시간만이 있을 뿐이며 그것도 순간일 뿐이다.

- 마크 트웨인

우리는 모두 원하는 삶의 방향을 설정하고 그 길을 따라가려는 바람이 있다. 하지만 이를 실천하기는 쉽지 않다. 참을 줄 아는 자제력, 상황에 맞는 판단력과 사고력, 상대방과 공감하고 유대감을 형성하는 사회관계 능력, 어느 정도의 기억력, 민첩하게 움직일 수 있는 신체 능력, 건강 등 많은 부분을 관리해야 한다. 여기서 뇌를 제외하고 이야기를 할 수 없다. 이러한 모든 것들이 바로 뇌에서 일어나기 때문이다. 뇌의 건강에 따라 우리의 인생과 미래가 바뀔 수 있다고 해도 과언이 아니다. 건강한 뇌는 무엇과도 바꿀 수 없는 소중한 보물이다.

뇌는 어릴수록 환경에 잘 적응하고 변화하기 쉽다. 그렇다고 나이 든 뇌를 가졌다고 지난 시절을 후회하며 보낼 필요는 없다. 뇌 기능이 가장 정점에 달하는 시기는 중년이다. 신경세포를 구성하는 수초의 형성도 50세 전후에 정점에 이른다. 어린 뇌는 성장 가능성이 크고 주변 환경에 잘 반응하는 장점이 있는 반면에, 중년의 뇌는 그동안 살아온 경험을 바탕으로 축적된 데이터를 이용한 상황 판단 능력이나 총체적 사고 능력에서 젊은 뇌를 앞선다. 젊은 사람들의 뇌는 좌뇌와 우뇌를 모두 사용하지 않고 한쪽 뇌만 활용하는 경우가 많은 반면 나이 든 사람의 뇌는 양쪽 뇌를 모두 효율적으로 사용한다. 중년의 뇌를 어떻게 관리하느냐에 따라 노년기의 뇌 건강도 달라진다. 노년의 삶을 건강하게 보낸다면 그보다 더한 축복도 없을 것이다. 이 축복을 누리기 위해서 우리는 몇 가지 사실을 알 필요가 있다.

## 머리 충격 안 받기

뇌를 위해 가장 먼저 할 수 있는 일은 머리 충격 피하기다. 머리가 무언가에 부딪히거나 순간적으로 세게 흔들린다면 뇌도 충격을 받는다. 이러한 일은 교통사고, 낙상, 스포츠 활동 등에서 발생하기 쉽다. 아이를 잡고 격렬하게 몸을 흔들어도 머리가 앞뒤로 세게 흔들리면서 뇌가 손상될 수 있다. 머리 충격은 회전력이나 관성력에 의해 신경 축삭을 손상시키기도 하며 시냅스 연결을 단절시킬 수 있다.

또는 뇌가 물리적으로 두개골 내부에 부딪혀 손상을 받기도 한다. 위치상 머리의 제일 앞부분에 있는 전전두엽이 충격을 가장 잘 받지만, 부딪힌 부위만 손상을 받는 것은 아니다. 머리 앞쪽을 부딪친다면 관성력에 의해 뇌가 앞으로 쏠리면서 뇌의 뒷부분이 진공 상태가 되고, 순간적으로 음압이 발생하면서 외상 반대 부위에도 손상을 일으킨다. 충격을 받지 않았지만, 기능적으로 연결된 부위에도 손상이 생길 수 있다. 이를 신경 해리라고 하는데, A 부위에 충격을 받으면 A와 기능적으로 연결된 B 부위에도 문제가 생기는 것을 의미한다. A 공장의 소프트웨어를 받아 B 공장이 제품을 생산한다면 A 공장의 소프트웨어에서 에러가 발생하면 B 공장의 제품에도 하자가 생기는 것과 비슷하다. 대뇌 반구는 반대편 소뇌와 연결되어 많은 양의 정보를 서로 주고받는다. 즉 우측 대뇌는 좌측 소뇌와 연결되어 있다. 좌측 소뇌에 손상이 생기면, 신경 해리로 인해 우측 대뇌도 문제가 생길 수 있다.

머리 충격은 흥분성 신경전달물질인 글루타메이트를 과도하게 분비시킨다. 이는 나트륨을 세포 내로 유입시켜 신경세포 부종을 발생시킨다. 또한, 칼슘을 유입시켜 자유라디칼을 생성하기도 한다. 이렇게 생성된 자유라디칼은 세포막과 DNA를 손상시켜 결국 세포 죽음을 초래한다. 특히 학습과 기억을 담당하는 해마에는 이러한 흥분성 신경전달물질의 수용체가 더 많이 분포하기 때문에 손상 후에 기억력이 감퇴하기 쉽다. 또한, 주의집중을 담당하는 도파민 시스템, 각성과 인지에 관여하는 노르에피네프린 시스템에 손상을 주어 지속해서 집중하기 어렵거나 머릿속에 안개가 낀 것처럼 멍하게 만든다.


전두엽은 뇌의 CEO라고 불린다. 그만큼 중요한 판단과 결정들이 이루어지며 감정 통제와 같은 삶의 핵심적 일들을 관장하기 때문이다. 그래서 이 부위의 경미한 손상도 사람의 성격, 사고, 행동, 감정 표출 심지어 종교관이나 가치관까지 바꿀 수 있다. 가만히 있지 못하고 불안하고 초조한 모습으로 변할 수 있으며, 억제력을 잃고 공격적인 태도로 바뀔 수 있다. 이 외에도 우울증, 수면 장애 등을 경험할 수 있다. 특히 전전두엽의 안쪽에 있는 전방 대상회 피질에 충격을 받으면 하고자 하는 일을 실행에 옮기는 데 있어 어려움을 느껴 일을 쉽게 시작하지 못한다.

머리 충격을 피하기 위해서는 예방이 최우선이다. 정신과 의사이자 뇌과학자인 다니엘 에이멘은 가벼운 머리 충격도 뇌에 좋지 않은 영향을 줄 수 있다고 경고한다. 그는 교통사고는 물론이고 번지 점프나 축구의 헤딩처럼 머리에 충격을 줄 수 있는 어떤 행위도 피해야 한다고 주장한다. 자전거 타기나 야구 같은 신체활동을 할 때도 헬멧을 착용해야 하는 것은 당연하다. 에이멘의 주장은 그의 병원을 방문한 모든 환자의 뇌를 영상 검사하여 얻은 결론이기 때문에 꽤 타당하다고 생각된다.

영국 리버풀 호프 대학 제이크 애슈턴 연구팀의 연구 결과는 이러한 주장을 뒷받침한다. 축구선수들을 대상으로 축구 헤딩 동작을 20번한 직후 인지능력 테스트를 진행하였다. 그 결과 80%의 선수가 테스트를 통과하지 못했고, 작업기억이 최대 20% 감소한 사실을 확인했다. 영국 스털링 대학 연구팀의 2016년 연구도 코너킥 속도로 날아오는 공을 20회 헤딩한 후 기억력이 41~67% 감소했다가 24시간 후에 정상수준으로 돌아왔다는 결과를 보여줬다.

# 적정 시간의 수면

수면은 뇌 건강을 위해 매우 중요한 부분이다. 수면의 질과 양 모두 중요하다. 수면은 깊은 수면과 렘수면이라 불리는 얕은 수면으로 이루어진다. 충분히 자지 않으면 시냅스 강화, 신경세포 내 단백질 합성, 신경세포의 수초 형성과정에 많은 악영향을 받는다. 수면 동안 기억을 강화하는 작업이 뇌에서 이루어지는데, 자는 동안에는 새로운 정보가 입력되지 않아서 기존의 정보를 정리 유지하기에 유리하다. 이러한 과정을 통해 불안정한 기억이 장기 기억으로 변환된다. 어떤 과학자들은 명시적 기억은 깊은 수면을, 절차적 기억은 얕은 수면을 통해 이루어진다고 말하기도 한다. 2013년 미국 로체스터 의대 네더가아드 교수팀은 수면 동안 뇌척수액의 움직임이 활발해져 뇌 안의 노폐물청소가 쉬워진다는 사실을 쥐 실험을 통해 확인했다.

수면 부족은 여러 가지 문제들을 일으킨다. 잠이 부족한 쥐들은 충분한 잠을 잔 쥐들에 비해 상처 회복이 느리고 수명도 짧으며 해마에서 신경세포의 성장이 억제되었다. 6시간 이하의 수면은 측두엽으로 가는 혈액량을 현저히 감소시켰고, 5시간 이하 잠을 잔 사람은 5시간 이상 수면을 한 사람에 비해 인지 기능에서 현저하게 떨어졌다는 연구 결과도 있다.

스웨덴 웁살라 의과대학의 조나단 세데르나스가 주도한 연구에 따르

경이로운 뇌

면, 젊은 사람조차도 단 하루만 밤을 새워도 타우 단백질 수치가 증가한다. 타우 단백질은 신경세포 얽힘에 관여해 알츠하이머 질환의 중요 요인 중 하나로 알려져 있다. 잠을 깊이 잔 경우에는 혈액 내 타우 단백질이 평균 2% 증가했지만, 밤샘 이후에는 그 수치가 평균 17%까지 증가했다. 타우 단백질은 알츠하이머 증상이 나타나기 수십 년 전부터 축적되기 시작한다. 물론 하루 밤샘만으로 알츠하이머 발병 확률이 높아졌다고 말할 수는 없지만, 뇌 건강에 경고등을 켜는 요인이 된다. 하버드 수면 의학 교수 찰스 차이슬러는 일주일 동안 하루 4~5시간만 자면 혈중알코올농도 0.1%와 맞먹는 신체 장애가 발생한다고 말하고 있다. 그만큼 수면 부족이 주는 악영향은 생각 이상으로 크다.

 수면 부족은 감정적 측면에서도 부정적 영향을 끼친다. 수면 장애가 있는 사람들은 정상인보다 우울증으로 고통받을 확률이 4배 더 높다는 연구 결과가 있다. 수면 부족은 비만과도 연관된다. 6시간 이하의 수면은 당분 섭취에 대한 욕구를 증가시켜, 과체중을 만들 수 있다. 이와 유사하게 수면 부족에 시달리는 사람은 고탄수화물 음식을 33~45% 더 많이 섭취한다는 연구 결과가 있다.


 생물학적 요구량의 최소 기준을 충족시키기 위해서는 적어도 5시간 이상의 수면이 필요하다. 그러나 이는 최소 기준이며 건강한 뇌와 신체를 위해서는 성인의 경우에는 하루 7시간 이상 자야 한다. 이는 포도당 수치를 일정하게 유지하여 자제력과 억제력을 향상한다. 자제력이 향상되면 생활 전반을 통제할 수 있게 되고, 곧 삶의 질 향상으로 이어진다. 2015년 독일 플렌스브루크 대학 연구진이 5년간 23,000여 명을 대상으로 한 조사에 따르면, 삶의 최대 만족도를 얻기 위해서는 8시간의 수면이 필요하다.

우리나라 학생들의 경우, 권장 수면 시간을 채우는 것은 불가능해 보인다. 8만 명의 학생들을 대상으로 2017년도에 발표한 수면 시간 조사를 보면 고등학생의 50% 정도가 6시간 이하로 잔다고 응답했다. 서글퍼지는 순간이다. 여기서 우리 기성세대가 아이들의 건강한 미래를 위해 무엇에 중점을 두어야 할 것인가를 함께 고민해 볼 필요가 있다.

성인의 경우도 7~8시간의 잠을 자도록 노력해야 한다. 2016년에 한 침대회사가 한국, 호주, 중국, 영국, 남아프리카공화국 1만여 명을 대상으로 스스로 생각하는 수면 부족 시간에 대한 설문 조사를 했다. 이에 우리나라 남성의 경우 1시간 42분, 여성의 경우 1시간 23분의 수면 시간이 더 필요하다고 응답했다.

이는 조사 대상 5개국 중에서 가장 많은 시간이다. 전 세계 매장을 둔 스타벅스의 마감 시간을 비교한 조사도 있다. 파리는 평균적으로 8시 52분에 문을 닫고, 베를린은 9시를 조금 넘겨서, 베이징은 9시 반, 도쿄는 10시 정도에 문을 닫는다. 당신의 예상대로 우리나라 서울은 제일 늦은 시간인 10시 36분에 문을 닫는다. 이는 우리나라 국민의 취침 시간이 그만큼 늦다는 사실을 간접적으로 보여준다.

요즘 같은 스트레스가 많은 사회에서 잠을 깊이 자기란 여간 어렵지 않다. 이를 위해 영양제나 약물, 심지어 숙면을 도와주는 앱도 있다.

경이로운 뇌

체온도 숙면을 위한 한 요소이다. 밤에 잠들기 전에 체온이 서서히 낮아지고 아침에 일어나기 전에 체온이 올라가는 것이 가장 이상적인 체온 패턴이다. 따라서 밤에 자기 전에 체온을 낮게 유지해야 숙면에 좋다. 샤워 후에는 체온이 감소하기 때문에 자기 전에 샤워하는 방법도 그중 하나이다.

한 가지 유의할 것은 지나치게 많은 잠도 경계해야 한다는 점이다. 우리나라 경희대병원 가정의학과 연구팀이 2,470명을 10년간 추적 조사한 연구 결과를 보면, 9시간 이상 자거나 자는 시간과 일어나는 시간이 불규칙하면 뇌혈관 질환 발병 위험이 증가했다. 과도한 잠은 신체 리듬과 생활 리듬을 깨고 건강을 해치게 된다. 하루 6시간 미만으로 자거나 9시간 이상 자면 뇌 기능이 감소할 수 있다.

적절한 양의 수면은 뇌가 건강을 유지하도록 하며 신체 회복을 돕고 삶을 활기차게 한다. 잠이 부족하다면 뇌와 신체 건강 모두 좋을 수 없다. 만약 수면 시간이 부족하다면 낮잠도 이를 보완하기 위한 좋은 방법이다. 15분의 낮잠이 밤잠 1시간 30분과 맞먹는 효과가 있다고 주장하는 연구자도 있다.

미국 국립수면재단이 2015년에 발표한 나이에 따른 권장 수면 시간은 다음과 같다.

| 연령 | 시간 |
|---|---|
| 1~2세 | 11~14시간 |
| 3~5세 | 10~13시간 |
| 6~13세 | 10~13시간 |
| 14~17세 | 8~10시간 |
| 18~25세 | 7~9시간 |
| 26~64세 | 7~9시간 |
| 65세 이상 | 7~8시간 |

## 사회적 관계 맺기

쥐를 이용한 스트레스 실험에서 가장 간단한 스트레스 유발법은 무리에서 떼어놓는 방법이다. 홀로 격리만 되어도 쥐는 스트레스 호르몬을 방출한다. 인간도 마찬가지로 사회에서 떨어져 홀로 고립된 생활을 하면 스트레스를 받는다. 관계 부적응에서 오는 심리적 고독감은 스트레스 호르몬을 증가시키고 면역력과 심혈관계를 저하시키며 우울증이 생길 확률도 높인다. 또한, 도박이나 약물 중독에 쉽게 빠져들게 한다. 특히나 요즘같이 문자나 SNS가 대중화되어 단문이나 비대면으로 의사소통하는 생활 방식은 타인의 얼굴을 마주할 기회를 박탈하여 고립감과 외로움을 더욱 심화시킨다. 반대로 타인과의 교류는 뇌를 더 젊고 건강하고 활력 있게 만든다. 우리는 혼자 있을 때보다 집단 내에 있을 때 더 많이 웃는다. 메릴랜드 대학의 연구에 따르면 집단의 일원일 때 웃을 확률이 30배 더 높았다.

  주변 사람들과의 좋은 관계를 맺으면 더 건강하고 행복하게 오래 산다는 연구 결과가 있다. 하버드 대학교는 성인발달 연구를 위해 1938년부터 75년 간 남성 724명의 직업, 가정생활, 건강상태를 해마다 추적 조사했다. 네 번째 연구책임자인 하버드 의과대학 로버트 월딩거 교수는 그동안 축적된 데이터를 통해 돈이나 명예가 아닌 좋은 관계가 우리를 건강하고 행복하게 만든다는 분명한 결론을 얻었다고 발표했다. 연구에 따르면 가족, 친구, 공동체와의 관계가 긴밀한 사람들은 더 행복하고 더 건강하게 오래 살았지만, 고립되고 외로운 사람들은 중년기에 건강이 더 빨리 악화하였고 뇌 기능도 일찍 저하되었으며 수명도 짧았다.
  50세에 관계에 대한 만족도가 가장 높았던 사람들이 80세에도 가장 건강했다. 특히 배우자에 대한 만족도가 가장 높았던 사람들은 80대에 육체적 통증이 심할 때도 마음은 행복하다고 말했다. 반면에 불행한 관계에 있던 사람들은 감정적 고통으로 인해 육체적 통증이 더 심해진다고 대답했다. 또한, 자신이 힘들 때 의지할 수 있는 이가 있다고 믿는 사람들은 그렇지 않은 사람들에 비해 기억력이 더 선명하고 오래갔다. 월딩거는 가장 행복한 삶을 산 사람들은 그들이 의지할 가족, 친구, 공동체가 있는 사람들이라고 주장했다.

심리학자 수잔 핑거는 이탈리아 사르디니아 섬의 한 장수 마을에 머물며 장수의 이유를 분석했다. 그곳의 100세 이상 인구가 이탈리아 본토의 6배, 미국의 10배에 이른다. 특이한 점은 전 세계 100세 이상 인구를 보면 여성이 남성보다 7배 많지만, 그곳에서는 100세 이상 인구의 남녀 비율이 1대 1에 가깝다는 사실이다. 그녀는 인구밀도가 매우 높고 마을 곳곳에 있는 광장이나 쉼터를 통해 마을 사람들의 교류가 매우 활발한 점을 장수 마을의 비결로 꼽았다.

2014년 브리검 영 대학교 연구팀의 연구 결과도 이와 비슷하다. 그들은 중년 30만 명에 대한 식습관, 운동습관, 혼인 여부, 생활습관 등을 조사하여 장수에게 영향을 주는 변수들에 순위를 매겼다. 그 결과 금연이나 금주, 운동을 제치고 사회적 관계 맺기가 1위를 차지했다.

남들의 감정에 공감하거나 자신의 감정을 표현하여 타인과의 관계를 형성하도록 해주는 뇌를 사회적 뇌라고 한다. 사회적 뇌에는 안와전두엽이나 대상회피질, 뇌섬, 거울신경세포가 위치한 전두엽이나 두정엽 일부분이 있다. 공감이나 감정 표현은 스트레스와도 관련이 있으므로 사회적 뇌는 스트레스 조절이나 면역력과도 밀접한 관련이 있다. 그래서 사회적으로 고립된 채 외롭게 살아가는 사람은 기대수명이 짧고 심혈관계 질환, 신경퇴행성 질환, 치매와 염증 관련된 질병에 노출될 확률이 더 높다. 어떤 연구자들은 이를 비만이나 흡연보다 더 해롭게 보기도 한다. 캐나다 오타와대학교 오라일리 교수팀은 '따돌림'이 '괴롭힘'보다 부정적 효과가 더 크고 광범위하게 나타난다고 보고했다. 그 연

경이로운 뇌

구에 따르면 직장 내 따돌림은 직업만족도를 떨어뜨리고 우울증과 건강 문제를 유발하는 것으로 나타났다.

간단한 대화도 행복감에 큰 영향을 준다. 2014년 시카고대학교 에플리 교수팀은 출근길에 낯선 사람과 대화하는 집단과 홀로 단 한마디 말도 없이 출근하는 집단을 비교 분석했다. 홀로 출근한 집단에 비해 타인과 대화한 집단이 훨씬 긍정적인 기분을 느낀 것으로 나타났다. 연구 결과에 의하면, 누구나 서로 관계를 맺고 싶어 하지만 상대방은 원하지 않는다고 지레짐작하여 대화를 포기하는 것으로 나타났다. 사회적 관계를 맺기 위해서 거창하거나 큰 노력이 필요하지 않다. 아침 출근길에 엘리베이터에서 만난 이웃에게 반갑게 인사하거나 가게에 들렀을 때 점원과의 짤막한 대화 몇 마디처럼, 일상에서 마주치는 사람들과 가벼운 미소를 띤 한 두 마디면 충분하다. 상대방과의 친밀한 눈맞춤, 악수, 가벼운 포옹은 사랑의 호르몬이라고도 불리는 옥시토신을 분비시킨다. 옥시토신은 기분을 진정시키고 행복감을 느끼게 해 준다. 그러면 심리적 안정감이 생기고 감정 조절 능력과 스트레스 조절 능력이 향상되어 스트레스 상황에서도 빨리 회복될 수 있다.

건전한 사회적 교류는 본인은 물론이고 상대방을 위해서도 좋다. 특히 가족 간의 관계에서도 더욱 그렇다. 부모와 친밀하고 사랑받고 있다고 느끼는 청소년들은 폭력, 임신, 자살 등의 발생 가능성이 매우 낮다고 보고되었다. 반면에 사회와 단절된 채 살아가면 사회적 뇌 기능이 저하되면서 감정 통제가 힘들어지며 삶을 부정적이고 힘들게 느끼며 인지력도 저하된다.

 뇌 건강을 위해서 무언가를 하고 싶은 사람에게는 남들과 함께할 수 있는 운동을 추천한다. 테니스, 탁구, 배드민턴, 수영, 골프, 축구, 달리기 등 자기가 좋아하는 어떤 운동도 좋다. 운동 자체가 좋을 뿐만 아니라 여럿이서 함께 운동한다면 교류를 통해 뇌는 더욱 생기를 띤다. 새로운 사람과의 대화와 웃음, 그리고 약간의 긴장은 나의 뇌를 더 깨워 있게 해 준다. 몸과 마음은 더 건강해지고 삶은 즐거워진다.
 운동이 삶의 일부가 되면 사회적 활동을 더 많이 한다. 운동을 하면 자신감과 활력이 생기고 이를 바탕으로 더 자연스럽게 타인과 어울릴 수 있다. 자원봉사도 좋은 방법이다. 봉사 그 자체로도 훌륭하지만, 봉사 활동을 통해 다른 사람들과 어울리다 보면 우리의 뇌는 더욱 풍성하고 다채로워진다. 좋은 삶은 좋은 관계가 만들어준다.

## 학습: 새로운 것 배우기

 여기서 말하는 학습은 책을 보거나 책상에 앉아서 무언가를 공부하는 것만을 뜻하지 않는다. 시각, 청각, 후각, 미각, 공감각, 촉각, 고유감각 등을 이용해 새로운 자극을 받아들이고 거기에 반응하는 과정을 의미한다. 이러한 학습은 뇌를 깨어 있게 한다. 특히 생소한 분야에 대한 학습이나 익숙한 분야를 다른 방법으로 처리하려는 시도는 지금껏 소외되었던 뇌 부위를 흔들어 깨워 더 젊고 생기 있게 만든다. 하나의 신경세포가 이웃한 신경세포에 정보를 전달하지 못하면, 시냅스 연결이 약화되고 결국 세포는 퇴행하고 만다. 마치 팽이채로 팽이를 계속 쳐야 돌아가듯이 신경세포의 생존을 위해서는 학습이라는 자극이 필요하다.

데이비드 베넷은 65세 이상의 알츠하이머 징후를 보이지 않는 수녀와 신부를 대상으로 한 알츠하이머와 인지력 사이의 상관관계를 분석하였다. 연구는 1994년부터 시작되었고, 350개 이상의 뇌를 검사하였다. 또한, 이들의 인지능력을 평가하고 신체적, 유전적 검사도 진행하였다. 연구자들은 실험 전에 신경 퇴행성 질환인 알츠하이머와 인지능력 사이에 명확한 연관성이 있을 거라 예상하였다. 그러나 결과는 전혀 예상 밖이었다. 일부 대상자들은 검사에서 알츠하이머가 꽤 진행된 상태였지만, 놀랍게도 인지능력에는 별문제가 없었다. 그들은 평소에 십자말풀이, 독서, 새로운 것 배우기, 사회 활동, 긍정적 사회관계 맺기, 신체활동 등을 즐긴 것으로 나타났다. 이는 경험적, 정서적 요소들이 인지능력과 더 많은 관련이 있을 수 있다는 것을 암시한다.

음악은 뇌 기능을 향상한다. 1990년대 초 캘리포니아 대학의 프란세스라우셔 박사와 그의 동료들은 모차르트의 '두 대를 위한 소나타 D장조, K.448'을 10분간 들려준 뒤 치른 공간 지능 시험에서, 실험군이 대조군보다 더 높은 점수를 얻었다고 보고했다. 태아에게 말하고 읽어

주고 노래를 불러주면, 출생 후 소리를 감별하는 능력이 좋아진다는 주장도 있다. 음악이 주는 이점은 다채로운데, 그중 하나는 스트레스 해소이다. 독일에서 120명을 대상으로 모차르트, 요한 슈트라우스, 스웨덴 팝그룹 아바의 노래를 들려주고 스트레스 호르몬과 혈압의 변화를 검사했다. 세 곡 모두 스트레스 호르몬을 낮춰주는 데 효과가 있었지만, 클래식 음악 두 곡의 효과가 더 컸다.

또한, 모차르트와 요한 슈트라우스 음악을 들은 사람은 혈압이 낮아졌지만, 아바의 노래를 들은 사람은 변화가 없었다. 모차르트 음악의 효과에 대한 많은 경험과 연구를 한 〈모차르트 이펙트〉의 저자 돈 캠벨은 모차르트 음악의 위대함은 순수함과 단순함에 있다고 말한다. 바흐처럼 계산적이지 않고, 베토벤처럼 격렬한 감정의 물결을 일으키지도 않으며, 교회 성가처럼 장엄하지는 않지만, 그의 음악은 교활하지 않으면서 신비롭고 다가가기도 쉽다고 말한다.

음악을 들을 때는 무심코 듣기보다는 주의를 기울여 경청하는 것이 좋다. 경청은 필요한 부분을 집중하여 듣고 필요 없는 소리를 거르는 것을 의미한다. 이러한 과정을 통해 뇌는 음악이 주는 안락함, 편안함, 흥겨움에 더 빠져들 수 있다. 더불어 뇌의 듣기 능력 또한 향상된다.

감각기관을 통해 들어온 새로운 자극은 신경세포 간의 연결을 강화하여 뇌를 더욱 생동감 있게 한다. 피아노 연습을 열심히 하다 보면 연주 실력이 향상되는 것처럼 말이다. 특히 외국어 공부는 뇌를 자극할 수 있는 아주 좋은 학습법이다. 생소한 외국 말을 듣고, 이해하고, 대답하기 위해서는 상당량의 집중과 연습이 필요하다. 이러한 과정에서 대뇌의 여러 부위뿐만 아니라 소뇌, 해마, 기저핵, 변연계와 같은 뇌의 많은 부위가 조율된다. 이 외에도 관심 있는 운동이나 새로운 취미 갖기, 악기나 춤 배우기, 독서와 독서 토론 등도 시도해 볼 만하다.

# 운동하기

몇 년 전, 호주에서 유학 중인 고등학생과 그의 어머니를 만난 적이 있었다. 방학을 이용하여 잠시 우리나라에 들렀을 때였다. 어머니는 "학교에서 매일 아침 달리기를 시켜요. 아이들이 힘들어하는데 굳이 그럴 필요가 있나요?"라며 걱정을 했다. 나는 그 이야기를 듣고, 그 학교는 아이들에게 무엇이 중요한지 아는 훌륭한 학교이며 우리나라에도 그런 학교가 많아졌으면 좋겠다고 이야기했다.

운동은 뇌를 건강하게 만드는 가장 확실한 방법이자 누구나 쉽게 할 수 있는 방법이다. 운동은 육체적 건강뿐만 아니라 뇌의 건강을 위해 매우 중요하다. 뇌가 건강해진다면 사고력, 기억력, 창의력, 집중력, 통제력, 사회적 관계 능력이 향상되므로 학업 능력은 말할 필요도 없이 좋아진다. 실제로 미국, 호주, 뉴질랜드 등 세계 여러 나라의 고등학교에서 아침 달리기를 의무적으로 한다.

하버드 의대 교수인 존 레이티의 〈운동화 신은 뇌〉에 실제 사례로 등장하는 학교가 있다. 그 학교는 미국 시카고에 있는 네이퍼빌 센트럴 고등학교인데 언젠가부터 새로운 운동 프로그램을 교육 과정에 적용했다. 그 프로그램에 따라 학생들은 최소 185의 심박수를 유지하면서 1.6㎞ 달리기를 했다. 이후 이 학교의 8학년 팀스(TIMSS, 4년마다 시행되는 수학과 과학 성취도를 비교하기 위한 국제 시험) 결과는 과학에서 1등을 차지했고, 수학에서는 싱가포르, 한국, 대만, 홍콩, 일본에 이어 6등을 차지했다.

미국의 다른 학교인 타이티스 학교에서는 2000년부터 운동 프로그램을 도입한 이후, 읽기 점수에서 17%, 수학 점수에서 18% 주 평균보다 높게 나왔다. 더 놀라운 사실은 550명 학생이 다니는 이 학교에서 2000년 이후 학생 간 싸움이 단 한 건도 발생하지 않았다는 점이다. 이는 운동이 사회성을 키우고 타인을 배려하게 만든다는 점을 보여준다.

2013년 영국 조세핀 부스와 그의 팀의 연구도 적당한 강도에서 격렬한 강도까지의 운동을 하면 체력향상뿐 아니라 학업 성적도 향상한다고 발표했다. 이들은 10대 청소년들 약 5,000명을 조사하여 이런 상관관계를 밝혀냈다. 주목할 점은 11세 때 운동량이 많은 아이는 4~5년이 지난 후에도 성적이 높았다는 사실이다. 아더 크래머의 연구도 초등학교 3~4학년을 대상으로 최대 심박수의 60%를 유지하며 20분간 트레드밀에서 걷기를 한 직후, 주의 집중력과 학업 성취도가 상승했음을 보여주었다. 2007년 독일에서 시행된 연구에서는 빨리 달리기가 어휘 학습 속도를 운동 전보다 20% 상승시켰다. 이와 유사한 연구는 매우 많다. 미국 소아과학지는 수백 편의 논문들을 검토한 결과 기억력, 집중력, 수업 태도 향상을 위해 학생들은 매일 1시간 이상 중간 강도 이상으로 운동해야 한다는 보고서를 발표했다.

우리는 멋진 근육, 근사한 몸매, 혹은 다이어트나 신체 건강을 위해서 운동을 한다고 생각한다. 그러나 이는 운동의 첫 번째 효과가 아니다. 운동의 가장 큰 효과는 뇌를 건강하게 만든다는 점이다. 운동은 뇌 신경세포의 성장을 촉진한다. 또한, 신경세포의 유전자를 활성화해 특정 단백질의 생산을 유도하여 뇌의 기반을 강화시킨다.

어바인 캘리포니아 대학의 칼 코트먼 연구팀은 쥐 실험을 통해 운동이 해마를 변화시켰다고 발표했다. 기억을 담당하는 해마는 학습에서 매우 중요한 부위이며 나이가 들면 가장 먼저 위축되어 기억력과 인지력에 큰 영향을 준다. 실험에서 한 무리의 쥐 집단은 매일 운동을 시키고, 다른 무리의 집단은 이틀에 한 번 운동을 시켰다. 2주 뒤에 검사를 해보니 두 집단 모두 뇌유래신경영양인자(BDNF)의 수치가 많이 늘어났는데, 매일 운동을 한 집단은 150%, 이틀에 한 번 운동을 한 집단은 124% 늘어났다. 한 달 뒤에 다시 검사를 해보니 두 집단 모두 뇌유래신경영양인자 수치가 증가했지만, 그 차이는 거의 없었다. 하지만 운동을 멈추니 2주 후에는 다시 원래 수치로 되돌아갔다.

운동했다고 신경세포가 계속 성장하지는 않는다. 이렇게 성장한 신경세포가 주변 신경세포와 시냅스를 형성하고 이를 유지하기 위해서는 지속적인 자극이 필요하다. 예를 들어 달리기 운동을 통해서 세포가 성장할 수 있는 환경이 조성되고, 이어지는 독서를 통해 세포 간 연결이 더 공고해지게 된다. 그러면 독서에 더 집중할 수 있다. 실제 뇌 기능이 최고가 될 때는 운동을 한 다음이다.

유전학적으로도 운동은 인간의 숙명이다. 인간의 가장 오래된 행동 패턴은 달리기이다. 인류가 정착 생활을 하기 약 1만1천 년 전까지 과일을 채집하고 동물을 사냥하기 위해 여기저기 걸어 다니거나 뛰어다녀야 했다. 당시 생활에 관한 연구는 매일 약 19㎞ 되는 거리를 이동해야 했다고 말한다. 이러한 생활이 인류 진화 역사의 99%를 차지한다는 사실은 우리 몸이 걷거나 뛰도록 맞춤 설계되었다는 것을 의미한다. 우리 뇌는 이러한 신체적 특징과 함께 맞물려 있다. 그래서 뇌는 우리 몸이 걷거나 뛰기를 원한다.


몇 년 전 알파고가 이세돌을 이긴 사건은 바둑계에 엄청난 충격을 주었다. 그 이후로 인공지능이 두는 방식이 바둑계의 흐름을 완전히 바꿔 놓았다. 이제는 인간의 능력을 넘어서지 못할 것 같은 분야에서도 인공지능이 인간을 앞지르기 시작했지만, 아직도 인간의 능력에 한참 못 미치는 분야가 있다. 그건 바로 신체 움직임이다.

로봇의 걷는 동작은 다섯 살 아이의 능숙하게 뛰는 동작에 비하면 서투르기 그지없다. 이는 뇌가 움직임에 얼마나 특화되었는지를 알 수 있게 해 준다. 멍게의 연구를 통해서도 이를 짐작할 수 있다. 멍게는 유충일 때는 뇌를 지닌 채 바닷속을 떠다니다가 성충이 되어 바위에 달라붙으면 뇌를 포함한 신경계는 사라진다. 바위에 정착하여 더 이상 움직일 필요가 없어지면 많은 에너지를 소비하는 뇌는 필요 없는 부속품이 되어서 결국 없느니만 못한 존재가 되기 때문이다. 집에 가만히 앉아서 생활에 필요한 모든 것을 스마트폰만으로 해결이 가능한 지금, 만약 우리가 움직이지 않는다면 어떻게 될까? 우리의 뇌가 2만 년 전보다 약간 작아졌다는 한 연구의 보고는 우리에게 시사하는 바가 있다. 노벨상 수상자인 로저 스페리는 이렇게 말했다.

"뇌로 가는 90%의 자극은 척추의 움직임에 의해 생깁니다."

뇌 발달을 설명하기 위한 이론으로 움직임이 복잡해지면서 뇌가 진화했다는 주장이 있다. 이 주장도 역시 움직임의 중요성을 전제로 하고 있다. 인류의 발달 과정에서 손, 발, 몸통의 움직임은 점점 복잡해졌다. 그러면서 더 정확하고 정교한 동작을 수행하기 위해 앞으로의 동작을 예측해야 했고, 이러한 과정을 통해서 대뇌가 점점 더 발달하게 되었다는 주장이다. 소뇌와 대뇌 전두엽과의 긴밀한 연결성은 이러한 주장을 뒷받침한다.

규칙적인 유산소 운동은 심신을 안정시키고 스트레스를 더 잘 처리하도록 하여 항불안, 항우울 효과를 지닌다. 또한, 긍정적인 방향으로 사고하도록 한다. 운동하면 도파민, 아드레날린, 세로토닌, 엔도르핀과 같은 신경전달물질이 분비되는데, 이들은 우리의 뇌를 깨우고 각성시켜 '할 수 있다'는 자신감과 행복감을 느끼도록 해주며, 통증을 완화해준다. 우리가 느끼는 부정적 감정은 뇌를 기반으로 하는 생물학적 원인에 있으므로 운동이나 다른 방법을 통해 뇌를 어떻게 관리하느냐에 따라 감정 상태도 바꿀 수 있는 셈이다.

2000년 듀크대의 제임스 블루멘탈과 연구진들은 운동이 항우울제보다 더 효과적이라고 발표했다. 16주에 걸쳐 진행된 실험에서 우울증 진단을 받은 156명을 대상으로 운동만 하는 집단, 약물 복용만 하는 집단, 운동과 약물 복용을 병행하는 집단으로 나눈 후에, 운동집단은 일주일에 세 번 30분씩, 최대 심박수의 70%의 강도로 걷기나 달리기를 시켰다. 16주 후의 결과에서 세 집단 모두 우울증이 상당히 줄어들었다. 그러나 6개월 후에 다시 설문 조사한 결과, 우울증 증세가 완전히 사라졌던 사람들 중에서 운동한 집단에서는 8%만 증세가 재발했지만, 약물을 복용한 집단에서는 38%나 재발했다. 이는 장기적으로는 운동이 약물보다 훨씬 좋다는 사실을 보여준다. 실험에 참가한 연구진들이 운동의 놀라운 효과에 자극받아 매일 달리기를 하였다는 이야기가 있을 정도이다. 그만큼 운동은 긍정적 감정을 고취시키는 데 있어 매우 뛰어난 효과가 있다.

네덜란드에서 시행된 약 20,000명의 쌍둥이와 그 가족들을 대상으로 한 연구는 운동이 신경증, 불안감, 우울증을 감소시키고 외향적인 성격으로 변화시킨다는 결과를 발표했다. 2000년 핀란드에서 3,403명을 대상으로 한 연구에서는 일주일에 적어도 2~3회 운동을 하는 사람은 덜 하거나 전혀 하지 않는 사람에 비해 우울증, 분노, 냉소적 불신, 스트레스를 훨씬 적게 느끼며, 사회적 소속감을 더 강하게 느낀다는 결과를 보고했다. 조슈아 풀크스의 시험에서는 전반적 불안 장

경이로운 뇌

애이면서 운동을 별로 안 하는 54명의 학생을 두 집단으로 나뉘어 2주간 6회 20분 트레드밀 운동을 시켰다. 한 집단은 최대 심박수의 60~90%를 유지하며 운동했고, 다른 집단은 50% 정도의 심박수를 유지하면서 트레드밀 위를 천천히 걸었다. 두 집단 모두 불안감과 공포 자극에 대한 불안 민감도가 감소했지만, 강도 높은 운동을 한 집단의 효과가 더 빨리 그리고 크게 나타났다. 특별한 불안 장애가 있지 않은 정상인을 대상으로 한 실험에서도 결과는 마찬가지이다. 2005년 칠레에서 운동이 정신과 신체에 미치는 영향을 9개월 동안 조사했다. 15세의 학생 198명을 두 집단으로 나누어 한 집단은 일주일에 세 번, 90분 동안 강도 높은 체육 수업을 받았고, 다른 집단은 일주일에 한 번, 90분 동안 일반적인 체육 수업을 받았다. 이후에 심리 테스트를 해보니 불안 지수가 일반 수업을 받은 집단에서는 3% 감소했지만, 강도 높은 체육 수업을 받은 집단에서는 14%나 감소했다.

운동은 ADHD나 ADD 같은 증상도 완화시킨다. 이들은 주의 집중력을 높이는 도파민과 노르에르네프린 수치가 낮은 데, 규칙적인 운동은 도파민과 노르에피네프린 수치를 증가시켜 뇌를 각성시키고 집중력과 주의력을 향상한다. 실제로 자폐스펙트럼 장애아를 대상으로 하는 육체적 활동은 뛰어난 효과를 보고 있다.

아기에게 마사지를 해주거나 팔다리를 가볍게 움직여 주는 것도 좋다. 한 연구에서 아기 체조를 시행한 이후, 편안하고 이완된 상태에서 발생하는 감마파가 증가한 것으로 나타났다. 또한, 임신 기간 적절한 운동을 한 임산부와 그렇지 않은 임산부에게서 태어난 아기들을 분석한 결과 임신 기간의 운동은 태아의 뇌 발달을 촉진한다고 보고하였다. 팔다리 움직임은 뇌를 활성화하고 이는 신경가소성을 일으켜 뇌회로를 변화시키기 때문이다. 어릴수록 신경가소성의 형성이 쉬우므로 갓난아기의 운동은 성인의 운동 못지않게 중요하다.

운동이나 신체 움직임은 뇌의 창의성도 향상한다. 한가로이 산책하다가 그동안 고민하던 문제에 대한 해결책이 떠오르거나 앞으로의 계획에 대한 좋은 방법이 떠오르는 것도 운동이 창의성을 촉진한 결과이다. 스탠퍼드 대학교의 연구에서는 176명의 참가자를 대상으로 하여 한 집단은 걷고 난 후, 다른 집단은 휴식을 취한 후에 창의성을 검사했다. 걸은 집단은 창의성 검사 점수가 60% 정도 높았다.

한 연구에서는 신문지 활용법을 조사했는데, 팔을 크게 흔든 뒤에 생각한 집단은 비교 집단보다 창의성 수치가 24% 높게 나왔다. 아인슈타인은 자전거를 타다가 상대성이론을 생각해냈다고 하며, 찰스 다윈은 집 주변을 거닐며 종의 기원에 관한 연구를 시작했다고 한다. 애플의 창업자 스티브 잡스도 유달리 산책을 좋아한 것으로 유명하다. 그는 산책 회의를 즐겼다. 가만히 앉아서 하는 회의보다는 산책하면서 하는 회의가 더욱 혁신적이고 생산적인 결과를 얻을 수 있다고 믿었기 때문이다. 심지어 중요한 인물과 대화를 나누거나 중요한 사업 결정을 내릴 때도 산책을 했다. 이후 페이스북의 창업자 마크 저커버그와 트위터 최고경영자 잭 도시도 그를 따라 했다.

유산소 운동이 뇌 건강을 위해 근력 운동보다 더 효과적이다. 이는 폐활량과 심박수를 증가시켜 뇌에 충분한 산소를 공급하기 때문이다. 미국 질병통제센터는 중간 강도의 유산소 운동을 일주일에 5회 이상, 30분 하라고 권고하고 있다. 그러나 존 레이티는 이 정도로는 충분하지 않다고 말한다. 그는 일주일에 4회는 30~60분, 최대 심박수의 60~65%의 강도로, 일주일에 2회는 20~30분, 최대 심박수의 70~75%의 강도로 운동해야 한다고 주장한다. 효율적인 운동을 위해서는 심박수 측정기 착용을 권장한다. 또는 심박수를 측정해주는 손목시계를 이용할 수 있다.

운동의 강도를 더 높이면 유산소 운동에서 무산소 운동으로 전환된다. 유산소에서 무산소로 전환되는 시점은 사람마다 다르지만 대략 최대 심박수의 90% 정도에서 바뀐다고 한다. 무산소 운동에 들어서게 되면 뇌하수체에서 성장호르몬이 분비된다. 성장호르몬은 뇌의 신경전달물질의 균형을 잡아주고 신경세포의 성장에 관여하는 유전자를 활성화시킨다. 그래서 중간 강도로 달리기하다가 중간 사이사이 전력질주를 하는 방식이 좋다.

충분한 산소 공급과 심신 안정 외에도 운동해야 하는 또 다른 중요한 이유가 있다. 바로 운동 자체가 뇌를 자극하고 활성화하기 때문이다. 여기서 고유감각이 등장한다. 이 감각은 자신의 신체 관절과 근육의 상태를 알려주는 감각이다. 덕분에 굳이 다리를 보지 않더라도 다리를 펴고 있는지 혹은 다리를 구부리고 있는지를 알 수 있다. 이 고유감각의 비밀은 뇌로 가는 매우 강력한 자극원이라는 점에 있다. 이 감각은 팔을 쓰다듬는 것과 같은 촉각 자극보다 수 십 배에서 수백 배 더 많은 정보를 뇌로 전달한다. 그러므로 고유감각을 자극하는 운동은 다른 자극원을 이용하는 것에 비해 뇌를 수 십 배에서 수백 배 더 재촉하는 셈이다. 운동을 하면 근육과 관절에 있는 고유감각 수용체를 자극하고, 이 정보는 뇌에 도달하여 뇌 안의 신경 회로를 활성화시킨다. 그럼 뇌는 눈을 번쩍 뜨게 된다.

고유감각은 또 다른 매력도 가지고 있다. 다른 감각과는 달리, 고유감각은 뇌로 가기 전에 소뇌를 거친다. 이는 고유감각이 대뇌뿐만 아니라 소뇌도 함께 활성화시킨다는 것을 의미한다. 소뇌는 사고, 언어, 신체 움직임 등 여러 측면에서 대뇌의 작용에 상당한 영향력을 행사한다. 이를 통해 대뇌가 정확한 명령 신호를 내보내도록 뒤에서 조용히 조정한다. 뇌 활동의 저변에는 소뇌가 자리 잡은 셈이다. 그래서 소뇌가 건강한 상태에 있는지는 매우 중요한 문제이다. 실제 뇌 기능 저하의 원인으로 소뇌의 문제가 있는 경우가 많다.

유산소 운동만큼 좋은 운동이 균형 운동이다. 눈 감고 한 발로 서기가 대표적인 균형 운동이다. 균형을 잡기 위해서는 척추 주변 심부 근육을 정밀하게 조절하는 능력이 필요하다. 이때도 고유감각이 중요한 역할을 한다. 고유감각 정보는 소뇌로 가기 때문에, 균형 유지는 소뇌의 주요 임무 중 하나이다. 균형 운동은 소뇌와 대뇌 모두를 운동시킬 수 있는 일석이조의 운동인 셈이다. 특히 나이가 들수록 소뇌 기능이 저하되므로, 노인이라면 균형 운동을 10~20분, 주 5회 이상은 해야 한다. 균형 운동을 할 때는 넘어져서 다치지 않도록 항상 주의를 기울이는 것도 잊지 않아야 한다.

혹시 운동이 좋은 줄은 알지만, 시간이 없어서 혹은 일과 후에 너무 지쳐서 운동을 못 한다는 핑계를 대는 사람이 있다면, 좋아할 만한 소식이 있다. 가끔 나도 이용하는 방법이기도 하다. 2016년 캐나다의 제나 길렌 연구팀은 1분간의 격렬한 운동이 45분 동안 중간 강도로 하는 운동과 심폐기능 개선 및 당뇨병 예방에 있어 비슷한 효과를 본다는 연구 결과를 발표했다. 대상자들은 격렬한 운동집단과 비교 집단으로 나뉘어, 격렬한 운동집단은 매주 3회씩 12주 동안 온 힘을 다해 자전거 페달을 밟는 운동을 20초 3회 하였다. 격렬한 운동 중간에는 2분 동안 가볍게 페달 밟기를 하였다. 비교 집단은 최대 심박수의 70%로 45분간 자전거 페달을 밟는 유산소 운동을 하도록 했다. 12주 후에 격렬한 운동집단과 유산소 운동 집단 모두 심폐기능 수치가 19% 향상되었고 인슐린 감수성도 크게 개선이 되었다. 1분과 45분이 같은 효과를 본다니 마술 같은 일이 아닐 수 없다. 물론 운동의 효과를 극대화하기 위해서는 어느 정도의 시간 투자가 필요하고 격렬한 운동은 신체손상 가능성을 높이기 때문에 모든 사람에게 추천할 수는 없다. 하지만 시간이 '정말' 없어서 혹은 귀찮아서 운동을 안 하는 사람에게는 시도해 볼 만한 방법이라 생각된다.

# 명상하기

인류 진화 역사의 99%가 수렵채집 시대였다. 당시에는 아침에 깨어나서부터 잠들기까지 온종일 다치지 않고 살아남아서 식량을 어떻게 구할지에 대한 걱정거리뿐이었다. 이미 그런 시대는 오래전에 끝났지만 지금 우리이 뇌 일부분은 아직도 그 시설에 머물러 있어서 계속해서 걱정거리를 찾아 헤매고 있다. 이는 아주 사소하거나 주관적인 생각일지라도 조금이라도 부정적인 결과를 초래할 것 같으면 그에 대해 걱정이라는 꼬리표를 붙이게 한다. 우리 뇌는 걱정이 팔자인 셈이다.

가벼운 걱정이나 스트레스도 만성이 되면, 스트레스 호르몬인 코티졸은 신경세포 사이의 연결을 끊고 수상 돌기를 쪼그라들게 한다. 특히 해마에는 코티졸 수용체가 다량 있어서 그 피해를 잘 입는다. 코티졸에 지나치게 노출되면 세포 내로 칼슘이온이 과량 유입되고, 세포 내로 들어온 칼슘이온은 자유라디칼을 생성한다. 이때 충분한 항산화제가 없다면 자유라디칼은 다른 분자가 가진 전자를 뺏어서 산화 스트레스를 유발하고 세포벽에 구멍을 낸다. 결국, 세포를 손상해 세포를 죽게 한다. 세포막에서 지방으로 구성된 부분이 지나치게 산화되는 현상을 '지질과산화'라고 하는데, 이로 인해 세포막이 파괴될 수 있다. 해마는 지질과산화에 취약하여 결국 해마의 부피가 줄어들면서 기억력이 감퇴하게 된다. 소니아 루피엔의 연구에서 코티졸 수치가 높은 노인들의 해마는 정상인보다 14% 작았다.

　걱정거리나 불안, 우울 같은 부정적 요인들이 장시간 지속되면 인지 능력도 쇠퇴하여 걱정 자체에만 골몰하는 편협한 사고를 하게 된다. 에이미 안스턴의 연구에 따르면 가볍고 갑작스러운 스트레스도 전전두엽의 인지능력을 빠르고 극적으로 떨어뜨리고, 장기간의 스트레스는 전전두엽 구조에 변화를 일으킨다. 이 상태가 되면 전체적인 상황을 보지 못하게 되면서 해결책을 찾을 수 있는 실마리도 놓친다. 결국, 늪 속에서 허우적거리듯 걱정이 주는 온갖 부정적인 생각에서 빠져나오지 못하게 된다. 하지만 지금은 수렵채집 시대가 아니다. 우리에게는 선택할 수 있는 다른 많은 방법이 있다. 어떻게 생각하고 행동하느냐에 따라 삶은 달라질 수 있다.

　명상은 심신을 안정시키고 뇌를 차분하게 만든다. 무엇보다도 특정 도구나 장비 없이 장소에 구애받지 않고 아무 곳에서나 손쉽게 할 수 있다는 장점이 있다. 명상의 효과에 관한 연구는 아주 많다. 브리타 홀젤과 동료들의 연구에 따르면 명상은 소뇌, 기억을 담당하는 해마, 변연계의 일부인 후대상피질, 감각을 통합하는 측두두정연접부의 크기를 키운다. 또한 뇌유래신경영양인자(BDNF)를 촉진시켜 집중력이나 감정을 조절하는 신경세포의 연결을 강화시킨다. 이는 감정 조절 능력의 향상을 의미한다.

　명상은 불안정하고 흥분 상태에서 나오는 베타파 대신 이완되고 평온한 상태에서 나오는 세타파를 발생시킨다. 세타파가 우세할 때 사람들은 창의적 생각이나 집중력이 높아져 문제 해결에 대한 의욕이 생기거나 깊은 통찰을 경험하기도 한다. 특히 명상은 좌측 전전두엽 피질의 많은 변화를 만든다. 좌뇌는 긍정적 감정, 우뇌는 부정적 감정을 고취하는데, 명상의 좌측 전전두엽 활성화는 긍정적 느낌과 편안한 감정 상태를 유지하도록 도와준다.

미국 일리노이대학 연구진이 55~79세 성인들을 대상으로 한 연구에서는 명상과 호흡에 집중하는 요가를 8주간 한 이후 두뇌 사용 능력이 향상되었다는 사실을 밝혀냈다. 이들의 주의력, 시공간과 지각 처리 능력이 요가 전과 후를 비교했을 때 대조 집단보다 더 빠르고 정확해졌다. 명상은 단기간에도 효과를 볼 수 있다. 신경학자 위유안 탕이 시행한 연구에서 5일 동안 20분의 명상만으로도 스트레스 호르몬인 코티솔의 수치가 많이 감소했다.

놀랍게도 명상은 유전자 단계에까지 영향을 준다. 2008년 하버드 대학교의 제퍼리 두섹과 동료들은 20명을 대상으로 심신 이완 기법을 행하고, 이들의 유전자를 분석했다. 그 결과 1,561개의 유전자에 변화가 왔는데, 874개는 유전자 스위치가 켜졌고 687개의 유전자 스위치는 꺼졌다. 더욱 놀라운 사실은 이러한 일들이 불과 8일 만에 일어났다는 점이다. 장기간 심신 이완 요법을 행하였을 때 2,209개의 유전자에 변화가 왔다. 이들 유전자는 대부분 산화 스트레스와 관련된 것들이었다. 산화 스트레스는 다양한 질환의 원인이다.

우리 대부분은 명상이 좋다는 것을 알기에 한 번쯤 시도해 본 경험이 있다. 하지만 머릿속을 헤집고 다니는 여러 가지 잡다한 생각들이 명상을 포기하게 한다. 이에 대해 법륜 스님이 알려 주신 한 가지 요령이 있다.

"명상할 때는 정좌하고 눈을 감은 다음 마음을 코끝에 집중합니다. 숨이 들어오고 나가는 것을 스스로 확인합니다. 명상은 머릿속 생각은 수없이 반복되어도 그 생각에 빠지지 않고 집중하는 연습입니다."

이 훌륭한 가르침에 한 가지 덧붙이자면 숨을 들이마실 때보다는 내쉴 때 더 천천히 더 길게 하기를 추천한다. 숨을 들이마실 때는 교감신경이, 숨을 내쉴 때 부교감신경이 더 항진된다. 교감신경은 외나무다리에서 적을 만났을 때 작동하는 신경이고, 부교감신경은 평화롭고 한적한 휴양지에서 몸과 마음이 편안해질 때 작동하는 신경이다. 내쉬는 숨을 천천히 길게 하여 부교감신경을 활성화시킨다면 명상하기에 더욱 수월한 몸 상태가 될 수 있다.

차분한 장소에서 지금 현재의 순간에 집중하면서 명상을 하면 교감신경계는 억제되고 부교감 신경계는 활성화된다. 이는 심박수를 줄이는 동시에 몸을 진정시킨다. 또한, 편도체를 안정시키는 신경화학 물질을 분비하여 흥분을 진정시키고, 통찰력, 집중력, 통제력, 행복감, 회복 탄력성을 증가시킨다. 아로마 향이나 평소 좋아하는 향기를 맡으며 명상을 하면 더 좋은 효과를 볼 수 있다. 상쾌하고 긴장을 풀어주는 향은 편도체를 진정시키고 몸을 이완시킨다. 그래서 우리는 숲 내음에 안락함과 편안함을 느끼곤 한다.

# 건강한 식생활

우리의 피부 세포는 한 달마다, 적혈구는 4개월마다 완전히 교체된다. 수년이 지나면 우리의 몸을 구성하는 모든 원자가 새로운 원자로 대체된다. 이때 새로운 세포를 이루는 구성 성분은 우리가 먹는 음식으로부터 얻는다. 섭취한 음식을 소화해 아미노산을 생산하고 신경전달물질을 만들어서 우리가 먹는 음식을 토대로 뇌의 생물학적 환경이 조성된다. 그렇다고 지나친 식생활은 금물이다. 필요 이상의 과식은 뇌 혈류의 원활한 흐름을 방해하며, 독소로 작용하여 신경계를 교란시켜서 집중력, 기억력, 통제력을 떨어뜨리고 머리를 멍하게 한다.

뇌의 60%는 지방으로 구성되어 있다. 특히 불포화 지방산은 뇌를 구성하는 중요한 요소이다. 불포화 지방산에는 오메가3인 알파 리놀렌산과 오메가6인 리놀레산이 있는데, 체내 합성이 안 되기 때문에 음식으로 섭취해야 한다. 그래서 이들을 필수 지방산이라고도 한다. 알파 리놀렌산은 체내에서 EPA와 DHA로 전환되며, 리놀레산은 아라키돈산으로 전환된다. 이들은 모두 불포화 지방산이며 불포화 지방산은 포화 지방산에 비해 유동성이 있어 주로 액체의 형태를 띠며, 뇌세포를 구성하고 심혈관 질환 예방에 관여한다.

알파 리놀렌산이 EPA와 DHA로 전환되기는 하지만, 전환 효율성이 낮고 현재의 영양 상태에 영향을 받기 때문에 이들을 직접 섭취하는 것이 좋다. EPA와 DHA는 생선이나 식물성 지방에 많이 함유되어 있다. 그렇다고 모든 식물성 지방이 좋은 것은 아니다. 미국 심장학회는 코코넛 기름은 동물성 기름처럼 LDL 콜레스테롤 혈중 수치를 크게 높이므로 이의 사용을 자제해야 한다고 경고하고 있다. 코코넛 기름의 포화지방 함량은 83%로 이는 버터, 육류 지방보다 많은 수치이다.

신경세포의 시냅스에는 높은 농도의 DHA가 있다. DHA는 세포막을 부드럽고 유연하게 한다. 이는 수용체가 신경전달물질과 원활하게 결합하여 정확한 정보를 받을 수 있도록 하며, 신경가소성에서도 매우 중요한 역할을 한다. 부드럽고 유연한 막은 변화하기에 쉽기 때문이다. DHA가 부족하면 세포막이 손상되고 심하면 세포 죽음에 이르게 할 수도 있다. 필수 지방산과 고밀도 콜레스테롤은 수초의 형성에도 중요한 역할을 한다. 수초는 전선의 피복과 비슷한 역할을 하며 신경전달 속도를 높여주는 기능을 한다. 반면에 포화지방산은 세포막을 경직시켜 신경가소성을 떨어뜨리며 심혈관 질환의 주범이기도 하다. 포화지방산은 붉은색 육류, 동물성 지방, 달걀의 노른자, 버터 등에 많다.

오메가3와 오메가6을 무조건 많이 섭취한다고 좋은 것은 아니다. 오메가3와 오메가6은 다른 지방산으로 전환될 때 같은 효소를 이용하기 때문에 한쪽이 지나치게 많으면 다른 쪽이 부족하게 된다. 오메가6을 과잉 섭취하면 염증 반응, 혈전 생성을 유도한다. 오메가6은 참기름, 해바라기유, 옥수수유, 콩기름에 풍부한데, 평상시에 음식을 통해 이를 충분히 섭취하므로 신경 써야 할 쪽은 주로 오메가3이다. 오메가3

에 비해 오메가6의 비율이 높을수록 우울증 발병률이 높다는 연구도 있다. 적절한 양의 오메가3 섭취는 긍정적인 기분이 들게 하며, 염증 반응과 산화 스트레스를 억제한다. 건강한 오메가3와 오메가6의 섭취 비율은 1:1~4이다.

트랜스지방도 피해야 한다. 패스트푸드, 쿠키, 마요네즈, 크래커, 케이크, 마가린, 일부 샐러드드레싱, 오래 튀긴 음식이나 튀김류 등에 트랜스지방이 있다. 이것은 나쁜 콜레스테롤인 LDL을 증가시키고 좋은 콜레스테롤인 HDL을 감소시킨다. 트랜스지방은 식물성 불포화 지방이 금속 조리 기구에서 오랜 시간 가열되면 생성된다. 그래서 자주 갈아주지 않은 기름으로 튀긴 음식은 몸에 매우 해롭다. 트랜스지방은 체온에서 고체로 존재하므로 포화지방처럼 세포막을 경직되게 한다. 인공 지방인 반경화 유도 트랜스지방과 마찬가지이다. 반경화유는 좋은 맛을 오랫동안 유지하고 음식의 유통기한을 연장시켜 주는 효과가 있다. 트랜스지방과 마찬가지로 빵, 케이크, 크래커, 포테이토 칩, 마가린 등에 있다.

해로운 음식을 멀리하고 건강한 음식을 골고루 섭취하는 방법이 뇌를 위해 가장 좋지만, 바쁜 현대 일상에서 이를 지키기는 쉽지 않다. 이럴 경우는 종합비타민과 미네랄 보조제, 오메가3을 섭취하는 방법이 있다. 오메가3은 고등어, 꽁치, 삼치, 연어, 멸치 등에 풍부하므로 일주일에 1~2회 생선을 섭취하면서 보조제를 성인의 경우 1일 1000~2000mg, 어린이의 경우 500~1000mg 복용 하면 더욱 좋다.

과다한 당분의 섭취는 뇌를 손상시키고 과잉흥분이나 불안감을 증폭

시킨다. 당분은 '최종당화산물'이라는 물질을 형성하기도 하는데, 신경세포는 최종당화산물에 매우 취약하다. 최종당화산물은 염증과 산화 스트레스를 일으킨다. 염증은 신경세포, 작은 혈관을 손상시키며 알츠하이머의 원인이 되기도 한다. 또한, 당분 대사가 느릴수록 해마의 크기가 작고 기억력이 나쁘다는 연구 결과가 있다. 기자이자 작가인 마이클 글로 소스는 2주간 정제된 설탕을 먹지 않는 다이어트를 했다. 그는 과자, 초콜릿, 사탕, 흰 빵과 밀가루 음식, 주스와 음료수를 끊고 채소, 과일, 생선, 고기, 통밀로 만든 빵을 먹었다. 처음 며칠은 머리가 둔하고 온몸이 무겁게 느껴졌지만, 일주일 후부터는 과일이 더 달게 느껴지기 시작하면서 머리가 맑아지고 집중력이 높아졌으며 수면의 질도 향상되었다. 몸무게도 또한 줄어들었다.

식생활의 중요성을 굳이 언급하지 않더라도 우리는 이에 대해 너무 잘 알고 있다. 식단을 조절하고 건강한 음식을 먹고 해로운 음식을 피하려고 많은 노력을 기울이지만, 그래도 간과하기 쉬운 몇 가지가 있다. 그중 첫 번째는 알레르기 유발 음식 피하기이다. 알레르기를 일으키는 음식은 모두 피해야 하는데 알레르기를 유발하는지 모르고 섭취하는 경우가 많다. 알레르기 음식이 유발하는 증상은 신체적, 정신적, 행동적으로 다양하게 나타날 수 있다. 몸이 가렵거나 천식, 두드러기 같은 신체적 반응은 금방 알아챌 수 있다. 하지만 과도한 당분 섭취 후에 아이들의 행동이 과격해지는 것처럼 행동이나 정신적으로 나타나는 증상은 부모나 본인도 잘 모르고 지나칠 수 있다. 어떤 음식이 알레르기를 유발하는지 알려면 때로는 주의 깊은 관찰이 필요하다.

행동장애나 학습장애, 자폐스펙트럼장애가 있는 사람들이 알레르기 음식을 피하는 식이요법을 하여 증상이 줄어들거나 확연히 개선되는 경우가 많다. 어떤 치료도 효과가 없었던 만성 무릎 통증 환자가 밀가루 음식을 끊고 수십 년간 지속되던 통증이 사라지는 경우도 목격했다. 알레르기 유발 음식으로 일단 의심이 된다면, 그 음식을 일주일 동안 절대 피하고 증상이 사라지는지를 확인해야 한다. 증상이 사라진다면 알레르기 유발 음식을 최대한 멀리해야 한다. 알레르기가 의심되는 음식이 여러 가지가 있다면, 가장 의심되는 것부터 순서를 정해 일주일 단위로 먹지 않으면서 알레르기를 유발하는지 확인한다. 특히 밀가루 음식에 있는 글루텐이나 유제품에 있는 카세인은 알레르기를 유발하기 쉬우므로 더욱 신경 써야 한다.

두 번째는 음식물을 소화하고 흡수하는 장 내 환경이 건강해야 한다. 장염이 있거나 장점막이 손상되면 체내로 흡수되지 않아야 하는, 소화가 덜 된 음식물이나 유해균에 의해 생성된 독성 물질들이 장점막을 투과하여 혈관을 타고 온몸을 순환하게 된다. 뇌에 도달하면 신경계를 교란시키거나 세포를 과흥분 또는 과소 흥분시켜서 정서적, 행동적으로 여러 가지 증상을 일으킨다. 이런 경우 알레르기 음식을 피하고 유산균 같은 장내 유익균과 부족한 비타민, 미네랄을 섭취하여 장내 환경을 건강하게 만들어야 한다. 아일랜드 국립대의 존 크라이언 교수의 연구는 장내 세균이, 우리가 생각하는 이상으로 뇌에 많은 영향을 줄 수 있음을 보여준다. 그의 연구에 따르면 장내 세균이 전혀 없는

경이로운 뇌

쥐는 정상적인 장내 세균을 가진 쥐보다 덜 사회적으로 행동했고 다른 쥐들과 보내는 시간도 적었다. 불안 행동을 보이는 쥐에게 대담한 행동을 하는 쥐의 배설물을 이식한 이후에는 불안 행동을 보인 쥐가 이전보다 더욱 사교적인 행동을 보였다. 또한, 특정 장내 세균을 투여받은 쥐들은 불안과 스트레스 대응능력이 향상했다. 이는 장내 세균이 뇌에 영향을 주어 성격과 행동을 바꿀 수 있다는 사실을 보여준다.

세 번째는 적게 먹기이다. 리키 콜만 연구팀은 30% 적은 열량 제한 식사를 한 붉은털원숭이의 수명이 증가했다고 보고했다. 체지방이 많으면 뇌에도 안 좋은 영향을 주는데, 특히 엉덩이 지방보다 복부 지방이 더 안 좋다. 복부 지방이 많으면 염증성 화학물질인 사이토카인의 수치가 높다는 연구가 있다. 염증과 관련이 있는 사이토카인은 뇌성장인자의 수치를 떨어뜨리거나 우울증 발병률을 높일 수 있다. 국립노화연구소의 연구소장을 역임한 존스홉킨스대학 신경과학 교수인 마크 매트슨은 음식을 적게 먹을 때 나타나는 신체 변화는 매일 한 시간씩 운동한 것과 비슷하다고 말하고 있다.

## 프롤로그

K Dewhurst and A W Beard, "Sudden religious conversions in temporal lobe epilepsy", Br J Psychiatry, 1970, 117(540), 497-507.

R G Robinson, K L Kubos, L B Starr, K Rao, and T R Price, "Mood changes in stroke patients: relationship to lesion location", Compr Psychiatry, 1983, 24(6), 555-66.

## 1. 어릴 때의 경험이 왜 중요할까?

Veenendaal M V E, R C Painter, S R de Rooij, P M M Bossuyt, J A M van der Post, P D Gluckman, M A Hanson, T J Roseboom, "Transgenerational effects of prenatal exposure to the 1944-45 Dutch famine", BJOG, 2013, 120(5), 548-554.

Robert A Ackerman, Deborah A Kashy, M Brent Donnellan, Tricia Neppl, Frederick O Lorenz, and Rand D Conger, "The interpersonal legacy of a positive family climate in adolescence" Psychological science, 2013, 243-250.

Keith Siklenka, Serap Erkek, Maren Godmann, Romain Lambrot, Serge McGraw, Christine Lafleur, Tamara Cohen, Jianguo Xia, Matthew Suderman, Michael Hallett, Jacquetta Trasler, Antoine H. F. M. Peters, and Sarah Kimmins, "Disruption of histone methylation in developing sperm impairs offspring health transgenerationally", Science, 2015, Vol. 350, Issue 6261.

Rachel Yehuda, Nikolaos P Daskalakis, Linda M Bierer, Torsten Klengel, Florian Holsboer, and Elisabeth B Binder, "Holocaust Exposure Induced Intergenerational Effects on FKBP5 Methylation", biopsych, 2016, 80(5), 372-80.

Ian J Deary, Jian Yang, Gail Davies, Sarah E Harris, Albert Tenesa, David Liewald, Michelle Luciano, Lorna M Lopez, Alan J Gow, Janie Corley, Paul Redmond, Helen C Fox, Suzanne J Rowe, Paul Haggarty, Geraldine McNeill, Michael E Goddard, David J Porteous, Lawrence J Whalley, John M Starr and Peter M Visscher, "Genetic contributions to stability and change in intelligence from childhood to old age", Nature, 2012, volume 482, 212-215.

Charles Nelson, "A Neurobiological Perspective on Early Human Deprivation", Child Development Perspectives, 2007, 1(1), 13 - 18.

Charles H Zeanah, Nathan A Fox, and Charles A Nelson, "The Bucharest Early Intervention Project: case study in the ethics of mental health research", J Nerv Ment Dis, 2012, 200(3), 243-7.

S Mineka and M Cook, "Social learning and the acquisition of snake fear in monkeys", Social learning: Psychological and biological perspectives, 1988, 51-73.

Kimberley M Mallan, Ottmar V Lipp, and Benjamin Cochrane, "Slithering snakes, angry men and out-group members: what and whom are we evolved to fear?", Cogn Emot, 2013, 27(7), 1168-80.

R Lieb, H U Wittchen, M Höfler, M Fuetsch, M B Stein, and K R Merikangas, "Parental psychopathology, parenting styles, and the risk of social phobia in offspring: a prospective-longitudinal community study", Arch Gen Psychiatry, 2000, 57(9), 859-66.

경이로운 뇌

Robert Rosenthal and Lenore Jacobson, "Pygmalion in the classroom", The Urban Review, 1968, 3, 16-20.

Harry F Harlow and Robert R Zimmermann, "Affectional Response in the Infant Monkey", Science, 1959, 130, 3373, 421-432.

Jon H Kaas and Sherre L Florence, "Brain Reorganization and Experience", Peabody Journal of Education, 1996, 71, 4, 152-16.

Claudia Buss, Sonja Entringer, James M Swanson, and Pathik D Wadhwa, "The Role of Stress in Brain Development: The Gestational Environment's Long-Term Effects on the Brain", Cerebrum, 2012, 4.

B Devlin, M Daniels and K Roeder, "The heritability of IQ", Nature, 1997, 388(6641), 468-71.

Raye-Ann deRegnier, Sandi Wewerka, Michael K Georgieff, Frank Mattia, and Charles A Nelson, "Influences of postconceptional age and postnatal experience on the development of auditory recognition memory in the newborn infant", Dev Psychobiol, 2002, 41(3), 216-25.

J E Black, A M Sirevaag, C S Wallace, M H Savin, and W T Greenough, "Effects of complex experience on somatic growth and organ development in rats", Dev Psychobiol, 1989, 22(7), 727-52.

Kosuke Narita, Yuichi Takei, Masashi Suda, Yoshiyuki Aoyama, Toru Uehara, Hirotaka Kosaka, Makoto Amanuma, Masato Fukuda, and Masahiko Mikuni, "Relationship of parental bonding styles with gray matter volume of dorsolateral prefrontal cortex in young adults", Prog Neuropsychopharmacol Biol Psychiatry, 2010, 34(4), 624-31.

## 2. 무의식이 당신을 조종한다

Saul L Miller and Jon K Maner, "Scent of a woman men's testosterone responses to olfactory ovulation cues", Psychological Science, 2010, 276-283.

Nobuyuki Kawai and Hongshen He, "Breaking Snake Camouflage: Humans Detect Snakes More Accurately than Other Animals under Less Discernible Visual Conditions", PLoS One, 2016, 11(10), e0164342.

Geoffrey Miller, Joshua M Tybur, and Brent D Jordan, "Ovulatory cycle effects on tip earnings by lap dancers: economic evidence for human estrus?", Evolution and Human Behavior, 2007, 375-381.

John Thomas Jones II, Brett W. Pelham, Mauricio Carvallo, and Matthew C Mirenberg, "How Do I Love Thee? Let Me Count the Js: Implicit Egotism and Interpersonal Attraction", Journal of Personality and Social Psychology, 2004, 87(5), 665-83.

Brian Wansink, Koert van Ittersum, and James E Painter, "How descriptive food names bias sensory perceptions in restaurants", Food Quality and Preference, 2005, 16, 5, 393-400.

Adrian C North, David J Hargreaves and Jennifer McKendrick, "In-store music affects product choice", Nature, 1997, 390, 132.

D A Laird, "How the consumer estimates quality by subconscious sensory impressions", Journal of Applied Psychology, 1932, 16(3), 241-246.

Robin Goldstein, Johan Almenberg, Anna Dreber, and John W Emerson, "Do

More Expensive Wines Taste Better? Evidence from a Large Sample of Blind Tastings", Journal of Wine Economics, 2008, 3, 1.

Hilke Plassmann, John P O'Doherty, Baba Shiv, and Antonio Rangel, "Marketing Actions Can Modulate Neural Representations of Experienced Pleasantness", Proceedings of the National Academy of Sciences, 2008, 105(3), 1050-4.

Morten L Kringelbach, "The human orbitofrontal cortex: linking reward to hedonic experience", Nature Reviews Neuroscience, 2005, 6, 691-702.

Michael Schaefer, Harald Berens, Hans-Jochen Heinze, and Michael Rotte, "Neural correlates of culturally familiar brands of car manufacturers", NeuroImage, 2006, 31, 2, 861-865.

J F Dovidio, S L Ellyson, C F Keating, K Heltman, and C E Brown, "The relationship of social power to visual displays of dominance between men and women", J Pers Soc Psychol, 1988, 54(2), 233-42.

Lawrence E Williams and John A Bargh, "Experiencing Physical Warmth Promotes Interpersonal Warmth", Science, 2008, 322, 5901, 606-607.

P Slovic, "If I look at the mass I will never act: Psychic numbing and genocide", Judgment and Decision Making, 2007, 2(2), 79-95.

Brian Knutson, Scott Rick, G Elliott Wimmer, Drazen Prelec, and George Loewenstein, "Neural predictors of purchases", Neuron, 2007, 53(1), 147-56.

Benjamin Libet, Curtis A Gleason, Elwood W Wright, and Dennis K Pearl, "Time of Conscious Intention to Act in Relation to Onset of Cerebral Activity

(Readiness-Potential) - The Unconscious Initiation of a Freely Voluntary Act", Brain, 1983, 106(3), 623-642.

Benjamin Libet, Elwood W Wright Jr, Bertram Feinstein, and Dennis K Pearl, "Subjective Referral of the Timing for a Conscious Sensory Experience - A Functional Role for the Somatosensory Specific Projection System in Man", Brain, 1979, 102, 193-224.

Benjamin Libet, "Unconscious Cerebral Initiative and the Role of Conscious Will in Voluntary Action", The Behavioral and Brain Sciences, 1985, 8(4), 529-566.

Chun Siong Soon, Marcel Brass, Hans-Jochen Heinze, and John-Dylan Haynes, "Unconscious determinants of free decisions in the human brain", Nature Neuroscience, 2008, 11, 543-545.

## 3. 인류 문명을 이룰 수 있었던 비밀: 신경가소성

G Kempermann, H G Kuhn, and F H Gage, "More hippocampal neurons in adult mice living in an enriched environment", Nature, 1997, 386(6624), 493-5.

Peter S Eriksson, Ekaterina Perfilieva, Thomas Björk-Eriksson, Ann-Marie Alborn, Claes Nordborg, Daniel A. Peterson and Fred H. Gage, "Neurogenesis in the adult human hippocampus", Nature Medicine, 1998, volume 4, 1313-1317.

Marc Bangert and Gottfried Schlaug, "Specialization of the specialized in features of external human brain morphology", Eur J Neurosci, 2006, 24(6), 1832-4.

G Schlaug, L Jäncke, Y Huang, J F Staiger, and H Steinmetz, "Increased corpus callosum size in musicians", Neuropsychologia, 1995, 33(8), 1047-55.

Luigi Aloe, "Rita Levi-Montalcini: the discovery of nerve growth factor and modern neurobiology", Trends in Cell Biology, 2004, Volume 14, Issue 7, 395-399.

Eric R Kandel, "In Search of Memory: The Emergence of a New Science of Mind", W. W. Norton & Company, 2006.

D O Hebb, "Heredity and environment in mammalian behavior", British Journal of Animal Behavior, 1953, 1, 43-47.

T Elbert, C Pantev, C Wienbruch, B Rockstroh, and E Taub, "Increased cortical representation of the fingers of the left hand in string players", Science, 1995, 270(5234), 305-7.

Julie A Markham and William T Greenough, "Experience-driven brain plasticity: beyond the synapse", Neuron Glia Biol, 2004, 1(4), 351-363.

S Aglioti, N Smania, A Atzei, and G Berlucchi, "Spatio-temporal properties of the pattern of evoked phantom sensations in a left index amputee patient", Behavioral Neuroscience, 1997, 111(5), 867-872.

Thomas Bever and Robert J Chiarello, "Cerebral Dominance in Musicians and Nonmusicians", The Journal of Neuropsychiatry and Clinical Neurosciences, 2009, 21(1), 94-7.

L G Cohen, S Bandinelli, T W Findley, and M Hallett, "Motor reorganization after upper limb amputation in man. A study with focal magnetic stimulation", Brain, 1991, 114 (Pt 1B), 615-27.

H Flor, T Elbert, S Knecht, C Wienbruch, C Pantev, N Birbaumers, W Larbig and E Taub, "Phantom-limb pain as a perceptual correlate of cortical reorganization following arm amputation", Nature, 1995, volume 375, 482-484.

Kirsty L. Spalding, Olaf Bergmann, Kanar Alkass, Samuel Bernard, Mehran Salehpour, Hagen B. Huttner, Emil Boström, Isabelle Westerlund, Celine Vial, Bruce A. Buchholz, Göran Possnert, Deborah C. Mash, Henrik Druid, and Jonas Frisén, "Dynamics of hippocampal neurogenesis in adult humans", Cell, 2013, 153(6), 1219-1227.

D H Hubel and T N Wiesel, "Binocular interaction in striate cortex of kittens reared with artificial squint", J Neurophysiol, 1965, 28(6), 1041-59.

Peter S Eriksson, Ekaterina Perfilieva, Thomas Björk-Eriksson, and Ann-Marie Alborn, "Neurogenesis in the Adult Human Hippocampus", Nature Medicine, 1998, 4(11), 1313-7.

T J Carew, R D Hawkins, and E R Kandel, "Differential classical conditioning of a defensive withdrawal reflex in Aplysia californica", Science, 1983, 219(4583), 397-400.

H Pinsker, I Kupfermann, V Castellucci, and E Kandel, "Habituation and dishabituation of the gill-withdrawal reflex in Aplysia", Science, 1970, 167(3926), 1740-2.

Benjamin Libet, Curtis A Gleason, Elwood W Wright, and Dennis K Pearl, "Time of Conscious Intention to Act in Relation to Onset of Cerebral Activity (Readiness-Potential): The Unconscious Initiation of a Freely Voluntary

Act", Brain, 1983, Volume 106, Issue 3, 623-642.

Eleanor A Maguire, Katherine Woollett, and Hugo J Spiers, "London taxi drivers and bus drivers: a structural MRI and neuropsychological analysis", Hippocampus, 2006, 16(12), 1091-101.

A Grinvald, R D Frostig, R M Siegel, and E Bartfeld, "High-resolution optical imaging of functional brain architecture in the awake monkey", Proc Natl Acad Sci U S A, 1991, 88(24), 11559-11563.


## 4. 뇌는 어떻게 생겼고, 어떻게 작동할까?

L Buck and R Axel, "A novel multigene family may encode odorant receptors: a molecular basis for odor recognition", Cell, 1991, 65(1), 175-87.

Sarah E MacPherson, Louise H Phillips, and Sergio Della Sala, "Age, executive function, and social decision making: a dorsolateral prefrontal theory of cognitive aging", Psychol Aging, 2002, 17(4), 598-609.


## 5. 좌뇌와 우뇌

Eric R Kandel, James H Schwartz, Thomas M Jessell, Steven A Siegelbaum, and A J Hudspeth, "Principles of Neural Science", 5th ed, New York: McGraw-Hill, 2012.

Andrey Giljov, Karina Karenina, and Yegor Malashichev, "Facing each other: mammal mothers and infants prefer the position favouring right hemisphere processing", Biology Letters, 2018.

J E LeDoux, "The Emotional Brain: the Mysterious Underpinning of Emotional Life", Simon & Schuster, New York, 1996, 32-33.

Michael S Gazzaniga, "The Split Brain Revisited", Scientific American, 1998, 279, 1, 51-55.

J O'Doherty, M L Kringelbach, E T Rolls, J Hornak, and C Andrews, "Abstract reward and punishment representations in the human orbitofrontal cortex", Nat Neurosci, 2001, 4(1), 95-102.

Kimberly Goldapple, Zindel Segal, Carol Garson, Mark Lau, Peter Bieling, Sidney Kennedy, and Helen Mayberg, "Modulation of cortical-limbic pathways in major depression: treatment-specific effects of cognitive behavior therapy", Arch Gen Psychiatry, 2004, 61(1), 34-41.

S F Witelson and W Pallie, "Left hemisphere specialization for language in the newborn. Neuroanatomical evidence of asymmetry", Brain, 1973, 96(3), 641-6.

E Bisiach and C Luzzatti, "Unilateral neglect of representational space", Cortex, 1978, 14(1), 129-33.

S Cappa, R Sterzi, G Vallar, and E Bisiach, "Remission of hemineglect and anosognosia during vestibular stimulation", Neuropsychologia, 1987, 25(5), 775-82.

G Gainotti, "Emotional behavior and hemispheric side of the lesion", Cortex, 1972, 8(1), 41-55.

M S Gazzaniga, J E Bogen, and R W Sperry, "Some functional effects of

경이로운 뇌

sectioning the cerebral commissures in man", Proc Natl Acad Sci U S A, 1962, 48(10), 1765-1769.

V S Ramachandran and D Rogers-Ramachandran, "Denial of disabilities in anosognosia", Nature, 1996, 382(6591), 501.

Michael C Corballis, John Hattie, and Richard Fletcher, "Handedness and intellectual achievement: an even-handed look", Neuropsychologia, 2008, 46(1), 374-8.

Matthew K Belmonte, Greg Allen, Andrea Beckel-Mitchener, Lisa M Boulanger, Ruth A Carper and Sara J Webb, "Autism and Abnormal Development of Brain Connectivity", Journal of Neuroscience, 2004, 24 (42) 9228-9231.

Ruth A Carper and Eric Courchesne, "Localized enlargement of the frontal cortex in early autism", Biological Psychiatry, 2005, 57(2), 126-33.

Ilan Dinstein, Karen Pierce, Lisa Eyler, Stephanie Solso, Rafael Malach, Marlene Behrmann, and Eric Courchesne, "Disrupted neural synchronization in toddlers with autism", Neuron, 2011, 70(6), 1218-25.

Marcel Adam Just, Vladimir L Cherkassky, Timothy A Keller, Rajesh K Kana, and Nancy J Minshew, "Functional and anatomical cortical underconnectivity in autism: evidence from an FMRI study of an executive function task and corpus callosum morphometry", Cereb Cortex, 2007, 17(4), 951-61.

Sheraz Khan, Alexandre Gramfort, Nandita R Shetty, Manfred G Kitzbichler, Santosh Ganesan, Joseph M Moran, Su Mei Lee, John D E Gabrieli, Helen B

Tager-Flusberg, Robert M Joseph, Martha R Herbert, Matti S Hämäläinen, and Tal Kenet, "Local and long-range functional connectivity is reduced in concert in autism spectrum disorders", PNAS, 2013, 110 (8) 3107-3112.

V V Lazarev, A Pontes, A A Mitrofanov, and L C deAzevedo, "Interhemispheric asymmetry in EEG photic driving coherence in childhood autism", Clinical Neurophysiology, 2010, 121, 2, 145-152.

Vladimir V Lazarev, Adailton Pontes, and Leonardo C deAzevedo, "EEG photic driving: right-hemisphere reactivity deficit in childhood autism. A pilot study", Int J Psychophysiol, 2009, 71(2), 177-83.

Gerry Leisman, Robert Melillo, Sharon Thum, Mark A Ransom, Michael Orlando, Christopher Tice, and Frederick R Carrick, "The effect of hemisphere specific remediation strategies on the academic performance outcome of children with ADD/ADHD", Int J Adolesc Med Health, 2010, 22(2), 275-83.

Gerry Leisman and Robert Melillo, "EEG coherence measures functional disconnectivities in autism", Acta Paediatrica, 2009, 98(Suppl.), 37.

Gerald Leisman, "Coherence of hemispheric function in developmental dyslexia", Brain Cogn, 2002, 48(2-3), 425-31.

Robert Melillo and Gerry Leisman, "Autistic spectrum disorders as functional disconnection syndrome", Rev Neurosci., 2009, 20(2), 111-31.


## 6. 여자의 뇌, 남자의 뇌

Lars Frings, Kathrin Wagner, Josef Unterrainer, Joachim Spreer, Ulrike

Halsband, and Andreas Schulze-Bonhage, "Gender-related differences in lateralization of hippocampal activation and cognitive strategy", Neuroreport, 2006, 17(4), 417-21.

S F Witelson, H Beresh, and D L Kigar, "Intelligence and brain size in 100 postmortem brains: sex, lateralization and age factors", Brain, 2006, 129, 2, 386-398.

E A Maguire, N Burgess, and J O'Keefe, "Human spatial navigation: cognitive maps, sexual dimorphism, and neural substrates", Curr Opin Neurobiol, 1999, 9(2), 171-7.

Steven J C Gaulin and Randall W FitzGerald, "Sex Differences in Spatial Ability: An Evolutionary Hypothesis and Test", The American Naturalist, 1986, 127, 1, 74-88.

M G McGee, "Human spatial abilities: Psychometric studies and environmental, genetic, hormonal, and neurological influences.", Psychological Bulletin, 1979, 86(5), 889-918.

D F Witelson, "Sex and the single hemisphere: specialization of the right hemisphere for spatial processing", Science, 1976, 193, 4251, 425-427.

H Nyborg, "Performance and Intelligence in Hormonally Different Groups", Progress in Brain Research, 1984, 61, 491-508.

K Dalton, "Ante-natal progesterone and intelligence", The British Journal of Psychiatry, 1968, 114(516), 1377-1382.

John L M Dawson, "Effects of sex hormones on cognitive style in rats and men", Behavior Genetics, 1972, 2, 21-42.

A A Ehrhardt and H F Meyer-Bahlburg, "Prenatal sex hormones and the developing brain: effects on psychosexual differentiation and cognitive function", Annu Rev Med, 1979, 30, 417-30.

D B Hier and W F Crowley Jr, "Spatial ability in androgen-deficient men", N Engl J Med, 1982, 306(20), 1202-5.

Susan M Resnick, Sheri A Berenbaum, Irving I Gottesman, and Thomas J Bouchard, "Early hormonal influences on cognitive functioning in congenital adrenal hyperplasia", Developmental Psychology, 1986, 22(2), 191-198.

S F Witelson, "Hand and sex differences in the isthmus and genu of the human corpus callosum. A postmortem morphological study", Brain, 1989, 112(Pt 3), 799-835.

Stuart Butler, "Sex Differences in Human Cerebral Function", Progress in Brain Research, 1984, 61, 443-455.

C DeLacoste-Utamsing and RL Holloway, "Sexual dimorphism in the human corpus callosum", Science, 1982, 216, 4553, 1431-1432.

S E Taylor, L C Klein, B P Lewis, T L Gruenewald, R A Gurung, and J A Updegraff, "Biobehavioral responses to stress in females: tend-and-befriend, not fight-or-flight", Psychol Rev. 2000, 107(3), 411-29.

Larry Cahill, Melina Uncapher, Lisa Kilpatrick, Mike T Alkire, and Jessica Turner, "Sex-related hemispheric lateralization of amygdala function in emotionally influenced memory: an FMRI investigation", Learn Mem., 2004,

11(3), 261-6.

## 7. '나'란 정체성의 핵심, 기억

Sheena A Josselyn and Paul W Frankland, "Memory Allocation: Mechanisms and Function", Annual Review of Neuroscience, 2018, 41, 389-413.

Sheena A Josselyn, Stefan Köhler, and Paul W Frankland, "Finding the engram", Review Nat Rev Neurosci, 2015, 16(9), 521-34.

Axel Guskjolen, Justin W Kenney, Juan de la Parra, Bi-ru Amy Yeung, Sheena A Josselyn, and Paul W Frankland, "Recovery of "Lost" Infant Memories in Mice", Current Biology Article, 2018, 28(14), 2283-2290.e3.

Eleanor A Maguire, David G Gadian, Ingrid S Johnsrude, Catriona D Good, John Ashburner, Richard S J Frackowiak, and Christopher D Frith, "Navigation-related structural change in the hippocampi of taxi drivers", PNAS, 2000, 97 (8), 4398-4403.

A M Isen, K A Daubman, and G P Nowicki, "Positive affect facilitates creative problem solving", Journal of Personality and Social Psychology, 1987, 52(6), 1122-1131.

E R Kandel and C Pittenger, "The past, the future and the biology of memory storage", Philos Trans R Soc Lond B Biol Sci, 1999, 354(1392), 2027-2052.

Nelson Cowan, "The Magical Mystery Four: How is Working Memory Capacity Limited, and Why?", Curr Dir Psychol Sci. 2010, 19(1), 51-57.

Clayton E. Curtis and Mark D'Esposito, "Persistent activity in the prefrontal cortex during working memory", Trends in Cognitive Sciences, 2003, 7, 9, 415-423.

A G Greenwald, "The totalitarian ego: Fabrication and revision of personal history", American Psychologist, 1980, 35(7), 603-618.

Ana C Pereira, Dan E Huddleston, Adam M Brickman, Alexander A Sosunov, Rene Hen, Guy M McKhann, Richard Sloan, Fred H Gage, Truman R Brown, and Scott A Small, "An in vivo correlate of exercise-induced neurogenesis in the adult dentate gyrus", PNAS, 2007, 104 (13), 5638-5643.

Lindsey A Leigland, Laura Schulz, and Jeri S Janowsky, "Age related changes in emotional memory", Neurobiology of Aging, 2004, 25(8), 1117-1124.

William Beecher Scoville and Brenda Milner, "Loss of recent memory after bilateral hippocampal lesions", J Neuropsychiatry Clin Neurosci, 2000, 12(1), 103-13.

J Douglas Bremner, "The Relationship Between Cognitive and Brain Changes in Posttraumatic Stress Disorder", Ann N Y Acad Sci, 2006, 1071, 80-86.

U Neisser and N Harsch, "Phantom flashbulbs: False recollections of hearing the news about Challenger", Cambridge University Press, 1992.

Andrew R A Conway, Linda J Skitka, Joshua A Hemmerich, and Trina C Kershaw, "Flashbulb Memory for 11 September 2001", Applied Cognitive Psychology, 2008.

## 8. 나와 다른 타인 이해하기

J L Aragón, Gerardo G Naumis, M Bai, M Torres, and P K Maini, "Turbulent luminance in impassioned van Gogh paintings", Journal of Mathematical Imaging and Vision, 2006, 30(3).

Caroline Schlüter, Christoph Fraenz, Marlies Pinnow, Patrick Friedrich, Onur Güntürkün, and Erhan Genç, "The Structural and Functional Signature of Action Control", Psychol Sci, 2018, 29(10), 1620-1630.

Dongju Seo, Cheryl M Lacadie, and Rajita Sinha, "Neural Correlates and Connectivity underlying Stress-related Impulse Control Difficulties in Alcoholism", Alcohol Clin Exp Res, 2016, 40(9), 1884-1894.

Selin Neseliler, Wen Hu, Kevin Larcher, Maria Zacchia, Mahsa Dadar, Stephanie G Scala, Marie Lamarche, Yashar Zeighami, Stephen C Stotland, Maurice Larocque, Errol B Marliss, and Alain Dagher, "Neurocognitive and Hormonal Correlates of Voluntary Weight Loss in Humans", 2019, 29(1), 39-49.e4.

K G Ratner, A R Kaczmarek, and Y Hong, "Can Over-the-Counter Pain Medications Influence Our Thoughts and Emotions?", Policy Insights from the Behavioral and Brain Sciences, 2018, 5(6), 82-89.

Olivier Ami, Jean Christophe Maran, Petra Gabor,Eric B. Whitacre, Dominique Musset, Claude Dubray, Gérard Mage, and Louis Boyer, "Three-dimensional magnetic resonance imaging of fetal head molding and brain shape changes during the second stage of labor", PLoS One, 2019, 14(5), e0215721.

Giacomo Rizzolatti, Luciano Fadiga, Vittorio Gallese, and Leonardo Fogassi,

"Premotor cortex and the recognition of motor actions", Cognitive Brain Research, 1996, Volume 3, Issue 2, 131-141.

Temple Grandin, "The Autistic Brain: Helping Different Kinds of Minds Succeed", Mariner Books; Illustrated edition, 2014.

Temple Grandin, "Emergence: Labeled Autistic", Warner Books, 1997.

Leah H Somerville, Rebecca M Jones, Erika J Ruberry, Jonathan P Dyke, Gary Glover, and B J Casey, "Medial prefrontal cortex and the emergence of self-conscious emotion in adolescence", Psychol Sci, 2013, 24(8), 1554-1562.

Muzafer Sherif, O J Harvey, B Jack White, William R Hood, and Carolyn W Sherif, "Intergroup Conflict and Cooperation: The Robbers Cave Experiment", Classics in the History of Psychology, 1954/1961.

Don A Vaughn, Ricky R Savjani, Mark S Cohen, and David M Eagleman, "Empathic Neural Responses Predict Group Allegiance", Front Hum Neurosci, 2018, 12, 302.

Naomi I Eisenberger and Matthew D Lieberman, "Does rejection hurt? An FMRI study of social exclusion", Science, 2003, 302(5643), 290-2.

C Nathan Dewall, Geoff Macdonald, Gregory D Webster, Carrie L Masten, Roy F Baumeister, Caitlin Powell, David Combs, David R Schurtz, Tyler F Stillman, Dianne M Tice, and Naomi I Eisenberger, "Acetaminophen reduces social pain: behavioral and neural evidence", Psychol Sci, 2010, 21(7), 931-7.

P Ekman and W V Friesen, "Constants across cultures in the face and emotion", Journal of Personality and Social Psychology, 1971, 17(2), 124-129.

Carlo A Porro, Patrizia Facchin, Simonetta Fusi, Guanita Dri, and Luciano Fadiga, "Enhancement of force after action observation: behavioural and neurophysiological studies", Neuropsychologia, 2007, 45(13), 3114-21.

## 9. 뇌, 효율적으로 이용하기

Danielle M Osborne, Jiah Pearson-Leary and Ewan C McNay, "The neuroenergetics of stress hormones in the hippocampus and implications for memory", Front. Neurosci, 2015, 9, 164.

Eun Joo Kim, Blake Pellman, and Jeansok J Kim, "Stress effects on the hippocampus: a critical review", Learn Mem, 2015, 22(9), 411-416.

Steve Ramirez, Xu Liu, Pei-Ann Lin, Junghyup Suh, Michele Pignatelli, Roger L Redondo, Tomás J Ryan, and Susumu Tonegawa, "Creating a false memory in the hippocampus", Science, 2013, 341(6144), 387-91.

Xu Liu, Steve Ramirez, Petti T Pang, Corey B Puryear, Arvind Govindarajan, Karl Deisseroth, and Susumu Tonegawa, "Optogenetic stimulation of a hippocampal engram activates fear memory recall", Nature, 2012, 484(7394), 381-5.

Suk Won Han and René Marois, "The source of dual-task limitations: serial or parallel processing of multiple response selections?", Atten Percept Psychophys, 2013, 75(7), 1395-405.

R M Ryan, and E L Deci, "Self-determination theory and the facilitation of intrinsic motivation, social development, and well-being", American Psychologist, 2000, 55, 68-78.

M R Lepper, D Greene, and R E Nisbett, "Undermining Children's Intrinsic Interest with Extrinsic Reward: A Test of the "Overjustification" Hypothesis", Journal of Personality and Social Psychology, 1973, 28(1).

M Haapalahti, H Mykkänen, S Tikkanen, and J Kokkonen, "Food habits in 10-11-year old children with functional gastrointestinal disorders", European Journal of Clinical Nutrition, 2004, 58, 1016-1021.

David J Freedman, Maximilian Riesenhuber, Tomaso Poggio, and Earl K Miller, "Categorical Representation of Visual Stimuli in the Primate Prefrontal Cortex", Science, 2001, 291, 5502, 312-316.

Sara W Lazar, Catherine E Kerr, Rachel H Wasserman, Jeremy R Gray, Douglas N Greve, Michael T Treadway, Metta McGarvey, Brian T Quinn, Jeffery A Dusek, Herbert Benson, Scott L Rauch, Christopher I Moore, and Bruce Fischl, "Meditation experience is associated with increased cortical thickness", Neuroreport, 2005, 16(17), 1893-1897.

J A Brefczynski-Lewis, A Lutz, H S Schaefer, D B Levinson, and R J Davidson, "Neural correlates of attentional expertise in long-term meditation practitioners", PNAS, 2007, 104 (27), 11483-11488.

Lucy Wilkinson, Andrew Scholey, and Keith Wesnes, "Chewing gum selectively improves aspects of memory in healthy volunteers", Appetite, 2002, 38(3), 235-6.

Jackie Andrade, "What Does Doodling do?", Applied Cognitive Psychology,

2010, 24(1), 100-106.

Aaron N Sell, "The recalibrational theory and violent anger", Aggression and Violent Behavior, 2011, 16, 5, 381-389.

Miguel Kazén, Thomas Kuenne, Heiko Frankenberg, and Markus Quirin, "Inverse relation between cortisol and anger and their relation to performance and explicit memory", Biol Psychol, 2012, 91(1), 28-35.

T Gilovich, V H Medvec, and K Savitsky, "The spotlight effect in social judgment: An egocentric bias in estimates of the salience of one's own actions and appearance", Journal of Personality and Social Psychology, 2000, 78(2), 211-222.

M D Lieberman, N I Eisenberger, M J Crockett, S Tom, J H Pfeifer, and B M Way, "Putting feelings into words: Affect labeling disrupts amygdala activity to affective stimuli", Psychological Science, 2007, 18, 421-428.

K J Petrie, R J Booth, J W Pennebaker, K P Davison, and M G Thomas, "Disclosure of trauma and immune response to a hepatitis B vaccination program", Journal of Consulting and Clinical Psychology, 1995, 63(5), 787-92.

## 10. 뇌를 더욱 건강하게 유지하는 방법

Thomas G Di Virgilio, Angus Hunter, Lindsay Wilson, William Stewart, Stuart Goodall, Glyn Howatson, David I Donaldson, and Magdalena Ietswaart, "Evidence for Acute Electrophysiological and Cognitive Changes Following Routine Soccer Heading", Research Paper, 2016, 13, 66-71.

Lulu Xie, Hongyi Kang, Qiwu Xu, Michael J Chen, Yonghong Liao, Meenakshisundaram Thiyagarajan, John O'Donnell, Daniel J Christensen, Charles Nicholson, Jeffrey J Iliff, Takahiro Takano, Rashid Deane, and Maiken Nedergaard, "Sleep drives metabolite clearance from the adult brain", Science, 2013, 342, 6156, 373-377.

Christian Benedict, Kaj Blennow, Henrik Zetterberg, and Jonathan Cedernaes, "Effects of acute sleep loss on diurnal plasma dynamics of CNS health biomarkers in young men", Neurology, 2020, 94 (11).

Alan T Piper, "Sleep duration and life satisfaction", International Review of Economics, 2016, 63, 305-325.

권은중, 김병성, 원장원, 최현림, 김선영, 김경진, 정수진, "The Effect of Sleep Duration and Regularity on Cardio-Cerebrovascular Disease: Community-Based Prospective Study", 가정의학, 2018년 8권 5호, 729-734

Andrew J K Phillips, William M Clerx, Conor S O'Brien, Akane Sano, Laura K Barger, Rosalind W Picard, Steven W Lockley, Elizabeth B Klerman, and Charles A Czeisler, "Irregular sleep/wake patterns are associated with poorer academic performance and delayed circadian and sleep/wake timing", Scientific Reports, 2017, 7, 3216.

Hans-Joachim Trappe and Gabriele Voit, "The Cardiovascular Effect of Musical Genres", Dtsch Arztebl Int, 2016, 20;113(20), 347-52.

J N Booth, S D Leary, C Joinson, A R Ness, P D Tomporowski, J M Boyle, and J J Reilly, "Associations between objectively measured physical activity and academic attainment in adolescents from a UK cohort", British Journal of Sports Medicine, 2013, 48, 3.

Charles H Hillman, Matthew B Pontifex, Lauren B Raine, Darla M Castelli, Eric E Hall, and Arthur F Kramer, "The effect of acute treadmill walking on cognitive control and academic achievement in preadolescent children", Neuroscience, 2009, 159(3), 1044-1054.

J D Labban and J L Etnier, "Effects of acute exercise on long-term memory", Research Quarterly for Exercise and Sport, 2011, 82(4), 712-721.

Jenna B Gillen, Brian J Martin, Martin J MacInnis, Lauren E Skelly, Mark A Tarnopolsky, and Martin J Gibala, "Twelve Weeks of Sprint Interval Training Improves Indices of Cardiometabolic Health Similar to Traditional Endurance Training despite a Five-Fold Lower Exercise Volume and Time Commitment", PLOS ONE, 2016, 11(4), e0154075.

Neha P Gothe, Arthur F Kramer, and Edward McAuley, "Hatha Yoga Practice Improves Attention and Processing Speed in Older Adults: Results from an 8-Week Randomized Control Trial", J Altern Complement Med, 2017, 23(1), 35-40.

J A Brefczynski-Lewis, A Lutz, H S Schaefer, D B Levinson, and R J Davidson, "Neural correlates of attentional expertise in long-term meditation practitioners", PNAS, 2007, 104 (27), 11483-11488.

Amar Sarkar, Soili M Lehto, Siobhán Harty, Timothy G Dinan, John F Cryan, and Philip W J Burnet, "Psychobiotics and the Manipulation of Bacteria-Gut-Brain Signals", Trends Neurosci., 2016, 39(11), 763-781.

Nithya Neelakantan, Jowy Yi Hoong Seah, and Rob M van Dam, "The Effect of Coconut Oil Consumption on Cardiovascular Risk Factors", Circulation, 2020, 141(10), 803-814.

Ricki J Colman, T Mark Beasley, Joseph W Kemnitz, Sterling C Johnson, Richard Weindruch, and Rozalyn M Anderson, "Caloric restriction reduces age-related and all-cause mortality in rhesus monkeys", Nat Commun, 2014, 1;5, 3557.

A P Anokhin, N Birbaumer, W Lutzenberger, A Nikolaev, and F Vogel, "Age increases brain complexity", Electroencephalogr Clin Neurophysiol, 1996, 99(1), 63-8.

B Lawrence, J Myerson, and S Hale, "Differential decline of verbal and visuospatial processing speed across the adult life span", Aging, Neuropsychology, and Cognition, 1998, 5(2), 129-146.

A Jacobs, E Put, M Ingels, and A Bossuyt, "Prospective evaluation of technetium-99m-HMPAO SPECT in mild and moderate traumatic brain injury", J Nucl Med, 1994, 35(6), 942-7.

David A Bennett, Julie A Schneider, Zoe Arvanitakis, and Robert S Wilson, "Overview and findings from the religious orders study", Curr Alzheimer Res, 2012, 9(6), 628-45.

Robert Stickgold, "Sleep-dependent memory consolidation", Nature, 2005, 437, 1272-1278.

A Rechtschaffen, M A Gilliland, B M Bergmann, and J B Winter, "Physiological correlates of prolonged sleep deprivation in rats", Science, 1983, 221(4606), 182-4.

Ruben Guzman-Marin, Natalia Suntsova, Melvi Methippara, Richard Greiffenstein, Ronald Szymusiak, and Dennis McGinty, "Sleep deprivation suppresses neurogenesis in the adult hippocampus of rats", Eur J Neurosci, 2005, 22(8), 2111-6.

Karine Spiegel, Esra Tasali, Plamen Penev, and Eve Van Cauter, "Brief communication: Sleep curtailment in healthy young men is associated with decreased leptin levels, elevated ghrelin levels, and increased hunger and appetite", Ann Intern Med., 2004, 141(11), 846-50.

P Maquet, "The role of sleep in learning and memory", Science, 2001, 294(5544), 1048-52.

Karine Spiegel, Esra Tasali, Plamen Penev, and Eve Van Cauter, "Brief communication: Sleep curtailment in healthy young men is associated with decreased leptin levels, elevated ghrelin levels, and increased hunger and appetite", Ann Intern Med, 2004, 141(11), 846-50.

R R Provine, "Contagious laughter: Laughter is a sufficient stimulus for laughs and smiles", Bulletin of the Psychonomic Society, 1992, 30(1), 1-4.

Robert S Wilson, Kristin R Krueger, Steven E Arnold, Julie A Schneider, Jeremiah F Kelly, Lisa L Barnes, Yuxiao Tang, and David A Bennett, "Loneliness and risk of Alzheimer disease", Arch Gen Psychiatry, 2007, 64(2), 234-40.

https://www.ted.com/talks/robert_waldinger_what_makes_a_good_life_lessons_from_the_longest_study_on_happiness#t-108021

https://www.businessinsider.com/susan-pinker-discovered-why-so-many-sardinians-live-to-100-2015-11

L C Hawkley, C M Masi, J D Berry, and J T Cacioppo, "Loneliness is a unique predictor of age-related differences in systolic blood pressure", Psychology and Aging, 2006, 21(1), 152-164.

James A Blumenthal, Michael A Babyak, P Murali Doraiswamy, Lana Watkins, Benson M Hoffman, Krista A Barbour, Steve Herman, W Edward Craighead, Alisha L Brosse, Robert Waugh, Alan Hinderliter, and Andrew Sherwood, "Exercise and Pharmacotherapy in the Treatment of Major Depressive Disorder", Psychosom Med, 2007, 69(7), 587-596.

Kirk I Erickson, Michelle W Voss, Ruchika Shaurya Prakash, Chandramallika Basak, Amanda Szabo, Laura Chaddock, Jennifer S Kim, Susie Heo, Heloisa Alves, Siobhan M White, Thomas R Wojcicki, Emily Mailey, Victoria J Vieira, Stephen A Martin, Brandt D Pence, Jeffrey A Woods, Edward McAuley, and Arthur F Kramer, "Exercise training increases size of hippocampus and improves memory", PNAS, 2011, 108 (7), 3017-3022.

Bernward Winter, Caterina Breitenstein, Frank C Mooren, Klaus Voelker, Manfred Fobker, Anja Lechtermann, Karsten Krueger, Albert Fromme, Catharina Korsukewitz, Agnes Floel, and Stefan Knecht, "High impact running improves learning", Neurobiology of Learning and Memory, 2007, 87, 4, 597-609.

S A Neeper, F Gómez-Pinilla, J Choi, and C Cotman, "Exercise and brain neurotrophins", Nature, 1995, 373(6510), 109.

S A Neeper, F Gómez-Pinilla, J Choi, and C W Cotman, "Physical activity increases mRNA for brain-derived neurotrophic factor and nerve growth factor in rat brain", Brain Res, 1996, 726(1-2), 49-56.

N C Berchtold, G Chinn, M Chou, J P Kesslak, and C W Cotman, "Exercise primes a molecular memory for brain-derived neurotrophic factor protein induction in the rat hippocampus", Neuroscience, 2005, 133(3), 853-61.

Paul A Adlard, Victoria Perreau, and Carl W Cotman, "The exercise-induced expression of BDNF within the hippocampus varies across life-span", Neurobiology of Aging, 2005, 26(4), 511-20.

Nicole C Berchtold, Nicholas Castello, and Carl W Cotman, "Exercise and time-dependent benefits to learning and memory", Neuroscience, 2010, 167(3), 588-597.

Joshua J Broman-Fulks, Mitchell E Berman, Brian A Rabian, and Michael J Webster, "Effects of aerobic exercise on anxiety sensitivity", Clinical Trial Behav Res Ther., 2004, 42(2), 125-36.

Michael Slepian and Nalini Ambady, "Fluid Movement and Creativity", Journal of Experimental Psychology General, 2012, 141(4).

E Carro, J L Trejo, S Busiguina, and I Torres-Aleman, "Circulating insulin-like growth factor I mediates the protective effects of physical exercise against brain insults of different etiology and anatomy", J Neurosci, 2001, 21(15), 5678-84.

Henriette van Praag, Tiffany Shubert, Chunmei Zhao and Fred H Gage, "Exercise Enhances Learning and Hippocampal Neurogenesis in Aged Mice", Journal of Neuroscience, 2005, 25 (38), 8680-8685.

J Farmer, X Zhao, H van Praag, K Wodtke, F H Gage, and B R Christie, "Effects of voluntary exercise on synaptic plasticity and gene expression in the dentate gyrus of adult male Sprague-Dawley rats in vivo", Neuroscience, 2004, 124(1), 71-9.

Marco Bonhauser, Gonzalo Fernandez, Klaus Püschel, Fernando Yañez, Joaquín Montero, Beti Thompson, and Gloria Coronado, "Improving physical fitness and emotional well-being in adolescents of low socioeconomic status in Chile, results of a school-based controlled trial", Clinical Trial Health Promot Int, 2005, 20(2), 113-22.

M H M De Moor, A L Beem, J H Stubbe, D I Boomsma, and E J C De Geus, "Regular exercise, anxiety, depression and personality: a population-based study", Prev Med, 2006, 42(4), 273-9.

P Hassmén, N Koivula, and A Uutela, "Physical exercise and psychological well-being: a population study in Finland", Prev Med, 2000, 30(1), 17-25.

John B Bartholomew, David Morrison, and Joseph T Ciccolo, "Effects of acute exercise on mood and well-being in patients with major depressive disorder", Med Sci Sports Exerc, 2005, 37(12), 2032-7.

Detlef Geffken, Mary Cushman, Gregory L. Burke, and Joseph F Polak, "Association between Physical Activity and Markers of Inflammation in a Healthy Elderly Population", American Journal of Epidemiology, 2001, 153(3), 242-50.

Amy F T Arnsten, "Stress signalling pathways that impair prefrontal cortex structure and function", Nat Rev Neurosci, 2009, 10(6), 410-422.

Sonia J Lupien, Alexandra Fiocco, Nathalie Wan, Francoise Maheu, Catherine Lord, Tania Schramek, and Mai Thanh Tu, "Stress hormones and human memory function across the lifespan", Psychoneuroendocrinology, 2005, 30(3), 225-42.

Yi-Yuan Tang, Yinghua Ma, Junhong Wang, Yaxin Fan, Shigang Feng, Qilin Lu, Qingbao Yu, Danni Sui, Mary K Rothbart, Ming Fan, and Michael I Posner, "Short-term meditation training improves attention and self-regulation", Proc Natl Acad Sci U S A, 2007, 104(43), 17152-6.

Adam R Aron, Trevor W Robbins, and Russell A Poldrack, "Inhibition and the right inferior frontal cortex", Trends Cogn Sci, 2004, 8(4), 170-7.

B Rael Cahn and John Polich, "Meditation states and traits, EEG, ERP, and neuroimaging studies", Psychol Bull., 2006, 132(2), 180-211.

Richard J Davidson, Jon Kabat-Zinn, Jessica Schumacher, Melissa Rosenkranz, Daniel Muller, Saki F Santorelli, Ferris Urbanowski, Anne Harrington, Katherine Bonus, and John F Sheridan, "Alterations in brain and immune function produced by mindfulness meditation", Psychosom Med, 2003, 65(4), 564-70.

Ye-Ha Jung, Do-Hyung Kang, Min Soo Byun, Geumsook Shim, Soo Jin Kwon, Go-Eun Jang, Ul Soon Lee, Seung Chan An, Joon Hwan Jang, and Jun Soo Kwon, "Influence of brain-derived neurotrophic factor and catechol O-methyl transferase polymorphisms on effects of meditation on plasma catecholamines and stress", Stress, 2012, 15(1), 97-104.

Andrew Newberg, Nancy Wintering, Mark R Waldman, and Daniel G Amen, "Cerebral blood flow differences between long-term meditators and non-meditators", Consciousness and Cognition, 2010, 19(4), 899-905.

Britta K Hölzel, James Carmody, Mark Vangel, Christina Congleton, Sita M Yerramsetti, Tim Gard, and Sara W Lazar, "Mindfulness practice leads to increases in regional brain gray matter density", Psychiatry Res, 2011, 30; 191(1), 36-43.

A Newberg, A Alavi, M Baime, M Pourdehnad, J Santanna, and E d'Aquili, "The measurement of regional cerebral blood flow during the complex cognitive task of meditation: a preliminary SPECT study", Psychiatry Res, 2001, 10;106(2), 113-22.

Antoine Lutz, Lawrence L Greischar, Nancy B Rawlings, and Matthieu Ricard, "Long-Term Meditators Self-Induce High-Amplitude Gamma Synchrony During Mental Practice", Proceedings of the National Academy of Sciences, 2004, 101(46), 16369-73.

Jeffery A Dusek, Hasan H Otu, Ann L Wohlhueter, Manoj Bhasin, Luiz F Zerbini, Marie G Joseph, Herbert Benson, and Towia A Libermann, "Genomic counter-stress changes induced by the relaxation response", PLoS One, 2008, 3(7), e2576.

A R Hariri, S Y Bookheimer, and J C Mazziotta, "Modulating emotional responses: effects of a neocortical network on the limbic system", Neuroreport, 2000, 11(1), 43-8.

P B Adams, S Lawson, A Sanigorski, and A J Sinclair, "Arachidonic acid to eicosapentaenoic acid ratio in blood correlates positively with clinical symptoms of depression", Lipids, 1996, Suppl, S157-61.

J R Hibbeln, "Fish consumption and major depression", Lancet, 1998, 351(9110), 1213.

경이로운 뇌

Michael J Sampson, Nitin Gopaul, Isabel R Davies, David A Hughes, and Martin J Carrier, "Plasma F2 isoprostanes: direct evidence of increased free radical damage during acute hyperglycemia in type 2 diabetes", Diabetes Care, 2002, 25(3), 537-41.

Domenico Praticò, Christopher M Clark, Feyan Liun, Joshua Rokach, Virginia Y-M Lee, and John Q Trojanowski, "Increase of brain oxidative stress in mild cognitive impairment: a possible predictor of Alzheimer disease", Arch Neurol, 2002, 59(6), 972-6.

Antonio Convit, Oliver T Wolf, Chaim Tarshish, and Mony J de Leon, "Reduced glucose tolerance is associated with poor memory performance and hippocampal atrophy among normal elderly", Proc Natl Acad Sci U S A, 2003, 100(4), 2019-22.

Julia Wärnberg, Esther Nova, Luis A Moreno, Javier Romeo, Maria I Mesana, Jonatan R Ruiz, Francisco B Ortega, Michael Sjöström, Manuel Bueno, Ascensión Marcos, and AVENA Study Group, "Inflammatory proteins are related to total and abdominal adiposity in a healthy adolescent population: the AVENA Study", Am J Clin Nutr, 2006, 84(3), 505-12.

David Benton, "The Impact of the Supply of Glucose to the Brain on Mood and Memory", Nutrition Reviews, 2001, 59(1 Pt 2), S20-1.

https://www.fastcompany.com/3050319/how-giving-up-refined-sugar-changed-my-brain?cid=search

A P Smith, "Stress, breakfast cereal consumption and cortisol", Nutr Neurosci, 2002, 5(2), 141-4.

# 경이로운
# 뇌

**펴낸날** 2021년 4월 29일

**지은이** 최성범
**펴낸이** 주계수 | **편집책임** 이슬기 | **꾸민이** 이화선

**펴낸곳** 밥북 | **출판등록** 제 2014-000085 호
**주소** 서울시 마포구 양화로 59 화승리버스텔 303호
**전화** 02-6925-0370 | **팩스** 02-6925-0380
**홈페이지** www.bobbook.co.kr | **이메일** bobbook@hanmail.net

ⓒ 최성범, 2021.
ISBN 979-11-5858-771-0 (03400)